目 录
Contents

U0163517

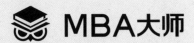

MBA大师　2024

MBA/MPA/MPAcc
管理类联考专用辅导教材
数学考点
精讲（强化篇）

董璞　编著

西安交通大学出版社
XI'AN JIAOTONG UNIVERSITY PRESS

第4部分　数据分析

第5部分　应用题

数学考点精讲·强化篇

第1部分

算　术

算　术

模块一　考点剖析

一、比与比例

考点一　比与比例

1.必备知识点

1）比与比例定义

两个数相除,又叫作这两个数的比,a 和 b 的比$(b \neq 0)$,记为 $a:b$ 或 $\frac{a}{b}$,这个比的值叫作 a 与 b 的比值,比如 3 和 2 的比记为 $3:2$ 或 $\frac{3}{2}$,这个比的比值为 1.5,表示两个比相等的式子叫作比例,比如 $a:b=c:d$.

2）比例内项与比例外项

比表示两个数相除,只有两个项:比的前项和后项.如 $a:b$,a 称作比的前项,b 称作比的后项.

比例是一个等式,表示两个比相等;有四个项:两个外项和两个内项.如 $a:b=c:d$,可写作 $\frac{a}{b}=\frac{c}{d}$,其中 a 和 d 称为比例外项,b 和 c 称为比例内项.

在比例里,两个外项的乘积等于两个内项的乘积,即 $ad=bc$.

【举例】已知 $\frac{x}{3}=\frac{4}{x}$,求 x.

【解析】因为 $x \cdot x = 3 \cdot 4$,所以 $x^2 = 12$,解得 $x = \pm 2\sqrt{3}$.

3）比例的性质

【比的基本性质】比的前项和后项扩大或缩小相同的倍数,比值不变,即 $\frac{a}{b}=\frac{am}{bm}(m \neq 0)$.

比的基本性质常用来将分数形式的比化为整数形式的比.如 $\frac{2a}{4}=\frac{2a \div 2}{4 \div 2}=\frac{a}{2}$.

【比例的性质】在比例里,两个外项的乘积等于两个内项的乘积.比例的性质用于解比例.如 $a:2=3:b$,即 $\frac{a}{2}=\frac{3}{b}$,则 $a \times b = 2 \times 3$,$ab=6$.

【举例】若 $a=\dfrac{3}{4}b$,则 $a:b=$ ___.

【解析】由 $a=\dfrac{3}{4}b$ 等式两边同时除以 b ,

得 $\dfrac{a}{b}=\dfrac{3}{4}$,即 $a:b=3:4$.

4）比例的基本定理

【等比定理】$\dfrac{a}{b}=\dfrac{c}{d}=\dfrac{e}{f}\Leftrightarrow=\dfrac{a+c+e}{b+d+f}$. $(b+d+f\neq0)$ （若几个分式相等,则分子相加与分母相加的比值仍与原比值相等.）

【合比定理】$\dfrac{a}{b}=\dfrac{c}{d}\Leftrightarrow\dfrac{a+b}{b}=\dfrac{c+d}{d}$. （等式左右同时加1.）

【分比定理】$\dfrac{a}{b}=\dfrac{c}{d}\Leftrightarrow\dfrac{a-b}{b}=\dfrac{c-d}{d}$. （等式左右同时减1.）

【合分比定理】$\dfrac{a}{b}=\dfrac{c}{d}\Leftrightarrow\dfrac{a+b}{a-b}=\dfrac{c+d}{c-d}$. （合比定理与分比定理的结论相除.）

【更比定理】$\dfrac{a}{b}=\dfrac{c}{d}\Leftrightarrow\dfrac{a}{c}=\dfrac{b}{d}$.

【反比定理】$\dfrac{a}{b}=\dfrac{c}{d}\Leftrightarrow\dfrac{b}{a}=\dfrac{d}{c}$.

注 以上公式任意分母均不为零.

5）正比与反比

正比: $y=kx$,即两变量比值一定 $(\dfrac{y}{x}=k,k$ 为常数 $)$.

注 并不是 x 和 y 同时增大或减小才称为正比.如当 $k<0$ 时, y 随着 x 增大而减小.

反比: $y=\dfrac{k}{x}$,即两变量乘积一定 $(xy=k,k$ 为常数 $)$.

6）比与比例关键思维——见比设 k

将条件中所有未知字母均用 k 表示.如给定 $a:b:c=2:3:6$,则设 $a=2k,b=3k,c=6k.$ 可简记为见比设 k .

若题目除给出未知字母间比例关系外,还给出其和或差的关系,则在和或差关系中将未知字母全用 k 表示,即可求出 k 的具体数值.此时所有未知字母取值均可确定,由未知字母组成的待求式取值也可确定.如已知 $a:b:c=2:3:6$ 且 $a+b+c=22$,则有 $2k+3k+6k=11k=22$,解得 $k=2,a=4,b=6,c=12$.

2. 典型例题

【例题1】实数 a,b,c 满足 $a:b:c=1:2:5$,且 $a+b+c=24$,则 $a^2+b^2+c^2=$ （ ）.

A. 30 B. 90 C. 120 D. 240 E. 270

【解析】已知 $a:b:c=1:2:5$,令 $a=k,b=2k,c=5k$,代入求 k 得 $a+b+c=k+2k+5k=8k=24,k=3.$

故 $a=k=3$,$b=2k=6$,$c=5k=15$,$a^2+b^2+c^2=9+36+225=270$.

【答案】E

【例题2】若非零实数 a,b,c,d 满足等式 $\dfrac{a}{b+c+d}=\dfrac{b}{a+c+d}=\dfrac{c}{a+b+d}=\dfrac{d}{a+b+c}=n$,则 n 的值为(   ).

A. -1 或 $\dfrac{1}{4}$ B. $\dfrac{1}{3}$ C. $\dfrac{1}{4}$ D. -1 E. -1 或 $\dfrac{1}{3}$

【解析】当 $a+b+c+d\neq0$ 时,根据等比定理得 $n=\dfrac{a+b+c+d}{3(a+b+c+d)}=\dfrac{1}{3}$;

当 $a+b+c+d=0$ 时,$b+c+d=-a$,代入得 $n=\dfrac{a}{b+c+d}=\dfrac{a}{-a}=-1$.

综上可得,$n=\dfrac{1}{3}$ 或 -1.

【答案】E

【例题3】一个分数的分子和分母之和为38,其分子和分母都减去15,约分后为 $\dfrac{1}{3}$,则这个分数的分母与分子之差为(   ).

A. 1   B. 2   C. 3   D. 4   E. 5

【解析】设这个分数的分子为 x,则分母为 $38-x$.分子分母都减去15后,$\dfrac{x-15}{23-x}=\dfrac{1}{3}$,解得 $x=17$. 所以这个分数的分子为17,分母为 $38-x=38-17=21$,分母与分子之差为 $21-17=4$.

【答案】D

二、绝对值

考点二 绝对值的几何意义

联考中许多绝对值类题目都可以用其几何意义快速求解,这些题目往往具有如下特点:求两个绝对值之和、两个绝对值之差,或者多个绝对值之和.

(一) 绝对值的几何意义

1.必备知识点

实数的绝对值是在数轴上表示该数的点到原点的距离. $|a|=|a-0|$ 表示 a 到原点距离,如图 1-1(a)所示. $|a-b|$ 表示 a,b 两点之间的距离,如图 1-1(b)所示.

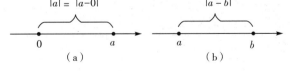

图 1-1

绝对值代表距离的几何意义是其固有属性,但并不是所有绝对值类题目都适合用几何意义求解.适用几何意义求解的题目具有如下特征:

(1)几个绝对值式子相加或相减,不能有乘除;

(2)只有一个变量x;

(3)x系数为1(或可统一化为1),且只在绝对值内出现.

2.典型例题

【例题1】若$|x-3|=a(a>0)$,则x的值为( ).

A.$a+3$　　　　B.$3-a$　　　　C.3　　　　　D.$3-a$或$3+a$　　E.a

【解析】根据绝对值的几何意义,$|x-3|=a(a≥0)$表示数轴上到点3距离为a的点x,故x为$3-a$或$3+a$.

【答案】D

【例题2】(条件充分性判断)已知a,b,c为三个实数,则$\min\{|a-b|,|b-c|,|a-c|\}≤5$.

(1)$|a|≤5,|b|≤5,|c|≤5$.　　　　　　(2)$a+b+c=15$.

【解析】$\min\{|a-b|,|b-c|,|a-c|\}≤5$表示$|a-b|,|b-c|,|a-c|$三个绝对值中的最小值小于等于5,也就是条件只要能推出其中至少一个小于等于5即充分.本题从正面入手较为困难,可以从反面考虑,即若$|a-b|,|b-c|,|a-c|$不可能全都大于5,则它们之中的最小值必小于等于5.

根据绝对值的几何意义,$|a|$表示数轴上一点a到原点的距离,$|a-b|$表示数轴上a,b两点之间的距离,以此类推,故有:

条件(1):$|a|≤5,|b|≤5,|c|≤5$表示数轴上的点a,b,c均在$[-5,5]$之间,则a,b,c之间距离不可能都大于5,即$|a-b|,|b-c|,|a-c|$中至少有一个小于等于5,也即$\min\{|a-b|,|b-c|,|a-c|\}≤5$,故条件(1)充分.

条件(2):仅a,b,c之和为15,而这三个数可以有正有负且相距很远,如取特值$a=0$,$b=-10,c=25$,此时$|a-b|=10,|b-c|=35,|a-c|=25$,可知条件(2)不充分.

【答案】A

（二）　两个绝对值之和

1.必备知识点

【标志词汇】形如$|x-a|+|x-b|$的两绝对值之和.

如图1-2(a)所示,当x在$[a,b]$之内的任意位置时,绝对值之和为定值,恒等于a,b的距离即$|a-b|$,同时这也是两绝对值之和能取到的最小值.

如图1-2(b)所示,当x在$[a,b]$之外时,随着x远离a,b两点,$|x-a|+|x-b|$的取值也随之增加,且没有上限,即$|x-a|+|x-b|$没有最大值.

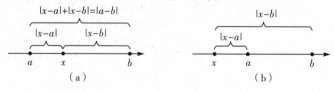

图1-2

注 我们所说的最大值是一个确定的数值,但无穷大并非是一个静态的、具体的足够大的数,而是一个动态的、不断扩大的变化趋势,因此无穷大不可以作为最大值.

2.典型例题

【例题3】设 $y=|x-2|+|x+2|$,则下列结论正确的是( ).

A.y 没有最小值   B.只有一个 x 使 y 取到最小值

C.有无穷多个 x 使 y 取到最大值   D.有无穷多个 x 使 y 取到最小值

E.以上结论均不正确

【解析】思路一:利用绝对值的几何意义求解.

题干中 $y=|x-2|+|x+2|$,符合【标志词汇】形如 $|x-a|+|x-b|$ 的两绝对值之和,$y=|x-2|+|x+2|$ 表示数轴上点 x 到点 -2 与点 2 的距离之和.

当 x 在 $[-2,2]$ 内的任意位置时,$|x-2|+|x+2|$ 为定值,恒等于 $-2,2$ 两点之间的距离 4,同时这也是两绝对值之和能取到的最小值. 由于 $[-2,2]$ 内有无穷多个点,因此有无穷多个 x 使 y 取到最小值.

在 $[-2,2]$ 之外时,随着 x 向左远离点 -2,或向右远离点 2,$|x-2|+|x+2|$ 的取值也随之增加,且没有上限,即 $y=|x-2|+|x+2|$ 没有最大值.

思路二:利用定义零点分段法求解:

$$y=|x-2|+|x+2|=\begin{cases} -2x, & x<-2 \\ 4, & -2\leq x\leq 2 \\ 2x, & x>2 \end{cases}$$

当 $-2\leq x\leq 2$ 时,y 取到最小值 4,y 没有最大值.

【答案】D

【例题4】(条件充分性判断)$f(x)$ 有最小值 2.

$(1)f(x)=\left|x-\dfrac{5}{12}\right|+\left|x-\dfrac{1}{12}\right|$. $(2)f(x)=|x-2|+|4-x|$.

【解析】本题条件(1)、条件(2)均符合【标志词汇】形如 $|x-a|+|x-b|$ 的两绝对值之和,$f(x)=|x-a|+|x-b|$ 的最小值为 a,b 两点之间的距离即 $|a-b|$.

条件(1):$f(x)=\left|x-\dfrac{5}{12}\right|+\left|x-\dfrac{1}{12}\right|$ 的最小值为 $\dfrac{5}{12}-\dfrac{1}{12}=\dfrac{1}{3}$,故条件(1)不充分.

条件(2):$f(x)=|x-2|+|4-x|=|x-2|+|x-4|$,最小值为 $4-2=2$,故条件(2)充分.

【答案】B

(三) 两个绝对值之差

1.必备知识点

【标志词汇】形如 $|x-a|-|x-b|$ 的两个绝对值之差.

当 x 在 $[a,b]$ 之外时,部分距离相互抵消. 如图 1-3(a)所示,$|x-a|-|x-b|=|a-b|$,此即两绝对值之差的最大值. 如图 1-3(b)所示,$|x-a|-|x-b|=-|a-b|$,此即两绝对值之差的最小值.

如图 1-3(c)所示,当 x 在 $[a,b]$ 中移动时,两绝对值之差在最大值 $|a-b|$ 与最小值 $-|a-b|$

之间变化,当 $x=\dfrac{a+b}{2}$,即 x 在 a,b 的中点时,绝对值之差为零.

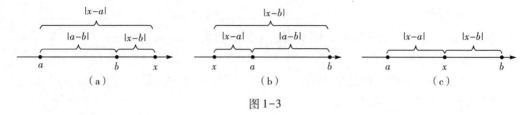

图1-3

2.典型例题

【例题5】已知 $\dfrac{8x+1}{12}-1\leqslant x-\dfrac{x+1}{2}$,关于 $|x-1|-|x-3|$ 的最值,下列说法正确的是(   ).

A.最大值为1,最小值为-1　　　B.最大值为2,最小值为-1

C.最大值为2,最小值为-2　　　D.最大值为1,最小值为-2

E.无最大值和最小值

【解析】本题中 $|x-1|-|x-3|$ 符合【标志词汇】形如 $|x-a|-|x-b|$ 的两个绝对值之差,题目实际含义是,求在条件给出范围内的点,到点1的距离减去到点3的距离之差的取值范围.

整理不等式 $\dfrac{8x+1}{12}-1\leqslant x-\dfrac{x+1}{2}$,$8x+1-12\leqslant 12x-6(x+1)$,$2x\leqslant 5$,得 $x\leqslant\dfrac{5}{2}$.将两绝对值之差 $|x-1|-|x-3|$ 的取值在数轴上标出,如图1-4所示.

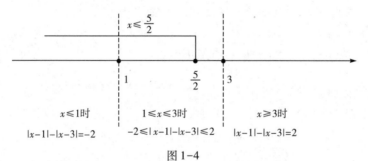

图1-4

故在 $x\leqslant\dfrac{5}{2}$ 的范围内,当 $x=\dfrac{5}{2}$ 时,$|x-1|-|x-3|$ 可取到最大值 $\left|\dfrac{5}{2}-1\right|-\left|\dfrac{5}{2}-3\right|=1$;当 $x\leqslant1$ 时,$|x-1|-|x-3|$ 恒取到最小值-2.

【答案】D

【拓展】(1)如果题干条件中 x 的范围从 $x\leqslant\dfrac{5}{2}$ 变为 $x\leqslant5$,那么应该选哪个选项?(答:选C.)

(2)如果题干条件中 x 的范围从 $x\leqslant\dfrac{5}{2}$ 变为 $x\geqslant\dfrac{3}{2}$,那么应该选哪个选项?(答:选B.)

【例题6】(条件充分性判断)设实数 x 满足 $|x-2|-|x-3|=a$,则能确定 x 的值.

(1)$0<a\leqslant\dfrac{1}{2}$.

(2) $\dfrac{1}{2}<a\leqslant1$.

【解析】能确定 x 的值也就是说这个绝对值方程有唯一解. 根据【标志词汇】形如 $|x-a|-|x-b|$ 的两个绝对值之差可知,当 x 取 $(-\infty,2]$ 内任意值时,两绝对值之差 $|x-2|-|x-3|=-1$ 恒成立;当 x 取 $[3,+\infty)$ 内任意值时,两绝对值之差 $|x-2|-|x-3|=1$ 恒成立;当 $2<x<3$ 时, $|x-2|-|x-3|=x-2+(x-3)=2x-5=a$, $x=\dfrac{5+a}{2}$,有唯一解. 即题干结论成立要求 $2<\dfrac{5+a}{2}<3$, 即 $-1<a<1$,故条件(1)充分,条件(2)不充分.

【答案】A

(四) 多个绝对值之和

1. 必备知识点

【标志词汇】形如 $|x-a|+|x-b|+|x-c|+\cdots$ 的多个绝对值之和.

事实上,本考点为两个绝对值之和的进阶内容,可分为奇数个绝对值之和与偶数个绝对值之和两种情况:

(1)奇数个绝对值之和:当 x 取到最中间的零点时,有唯一 x 使绝对值之和取到最小值.

【举例】以三项为例,设 $f(x)=|x-a|+|x-b|+|x-c|$,其中 $a<b<c$,根据 x 的取值范围,由外向内,两两成对应用两个绝对值之和的几何意义进行讨论. 即当 $x\in[a,c]$ 时,$|x-a|+|x-c|$ 可取到最小值 $|a-c|$,此时只需要讨论 x 与 b 点距离关系即可,当 $x=b$,即 x 取到最中间的零点时,$|x-b|=0$,$f(x)$ 可取得最小值 $f(b)=|a-c|$. 以此类推.

(2)偶数个绝对值之和:当 x 在最中间两零点之间时,绝对值之和恒取到最小值.

【举例】以四项为例,设 $f(x)=|x-a|+|x-b|+|x-c|+|x-d|$,其中 $a<b<c<d$,根据 x 的取值范围,由外向内,两两成对应用两个绝对值之和的几何意义进行讨论. 即当 $x\in[a,d]$ 时,$|x-a|+|x-d|$ 可取到最小值 $|a-d|$;同理,当 $x\in[b,c]$ 时,$|x-b|+|x-c|$ 可取到最小值 $|b-c|$. 由于 $x\in[b,c]$ 同时满足 $x\in[a,d]$,故当 $x\in[b,c]$,即 x 在最中间两零点之间时,$f(x)$ 可取到最小值 $|a-d|+|b-c|$.

2. 典型例题

【例题7】设 $y=|x-a|+|x-20|+|x-a-20|$,其中 $0<a<20$,则对于满足 $a\leqslant x\leqslant20$ 的 x 值,y 的最小值是( ).

A. 10 　　　　B. 15 　　　　C. 20 　　　　D. 25 　　　　E. 30

【解析】**思路一**:利用绝对值的几何意义求解.

题干算式符合多个绝对值之和【标志词汇】奇数个绝对值之和,根据 $0<a<20$ 可画数轴(如图 1-5 所示),当 $x=20$ 时(即最中间零点,恰满足 $a\leqslant x\leqslant20$),y 可取到最小值 $y_{\min}=|20+a-a|=20$.

图 1-5

思路二:根据定义去掉绝对值求解.

由于 $a \leq x \leq 20, 0 < a < 20$,故 $x-a \geq 0, x-20 \leq 0, x-a-20 < 0$,根据定义去掉绝对值得 $y = x-a+20-x+a+20-x = 40-x$. 当 $x=20$ 时,有 $y_{min} = 40-20 = 20$.

【答案】C

【例题8】(条件充分性判断)方程 $|x+1|+|x+3|+|x-5| = 9$ 存在唯一解.

(1) $|x-2| \leq 3$.　　　　　　　　　　　(2) $|x-2| \geq 2$.

【解析】本题符合多个绝对值之和【标志词汇】奇数个绝对值之和,本题意思是,在条件(1)或条件(2)或两条件联合所给定的 x 取值范围内,在数轴上满足到 $-1, -3$ 和到 5 这三点的距离之和等于 9 的 x 只有一个.因此首先分析 $|x+1|+|x+3|+|x-5| = 9$ 所有可能的解,再看条件(1)、条件(2)所给定的 x 的取值范围内是否有唯一解.根据题目画数轴(如图1-6所示)得:

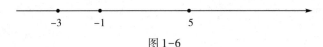

图1-6

点 $-3, -1, 5$ 将实数轴分为 $(-\infty, -3), [-3, -1), [-1, 5), [5, +\infty)$ 四个区域:

当 $x > 5$,即 x 在数轴上 5 的右边时,那么该点到 -1 和 -3 的距离之和 $|x+1|+|x+3| > |5+1|+|5+3| = 14 > 9$,所以在此范围内方程无解.

同理,当 $x < -3$,即 x 在数轴上 -3 的左边时,那么该点到 -1 和 5 的距离之和 $|x+1|+|x-5| > |-3+1|+|-3-5| = 10 > 9$,所以在此范围内方程无解.因此只需考虑方程在 $[-3, 5]$ 内的解的情况.

根据绝对值几何意义,当 $-3 \leq x \leq 5$ 时,$|x+1|+|x+3|+|x-5|$ 中,$|x+3|+|x-5|$ 的值恒为 8,此时方程转化为 $|x+1|+8 = 9$,$|x+1| = 1$,即到 -1 点距离为 1 的 x 的值为方程的解.解得方程有两个解 $x_1 = 0$ 和 $x_2 = -2$.若条件给出的范围恰好包含 0 或 -2 其中一个点,则充分,反之则不充分.

条件(1):$|x-2| \leq 3, -3 \leq x-2 \leq 3$,即 $-1 \leq x \leq 5$. 在此范围内只有一个解 $x_1 = 0$,故条件(1)充分.

条件(2):$|x-2| \geq 2, x-2 \geq 2$ 或 $x-2 \leq -2$,即 $x \geq 4$ 或 $x \leq 0$,在此范围内有两个解,而非唯一解,故条件(2)不充分.

【答案】A

模块二 常见标志词汇及解题入手方向

在联考真题中,常出现固定的标志词汇,对这类题有相应固定的解题入手方向,现总结如下:

标志词汇 一 绝对值的几何意义

【标志词汇 1】形如 $|x-a|+|x-b|$ 的两绝对值之和.

当 $x\in[a,b]$ 时,$|x-a|+|x-b|=|a-b|$,此即是两绝对值之和的最小值.

当 x 在 $[a,b]$ 之外时,随着 x 远离 a,b 两点,$|x-a|+|x-b|$ 的取值也随之增加,且没有上限,即 $|x-a|+|x-b|$ 没有最大值.

【标志词汇 2】形如 $|x-a|-|x-b|$ 的两个绝对值之差.

$|x-a|-|x-b|$ 的最大值为 $|a-b|$,最小值为 $-|a-b|$.当 $x=\dfrac{a+b}{2}$,即 x 在 a,b 的中点时,绝对值之差为零.

【标志词汇 3】形如 $|x-a|+|x-b|+|x-c|+\cdots$ 的多个绝对值之和.

(1)奇数个绝对值之和:当 x 取到最中间的零点(使各个绝对值为零的 x 的取值)时,有唯一 x 使奇数个绝对值之和取到最小值.

(2)偶数个绝对值之和:当 x 在最中间两零点之间时,偶数个绝对值之和恒取到最小值.

注 绝对值代表距离的几何意义是其固有属性,但并不是所有绝对值类题目都适合用几何意义求解.适用几何意义求解题目特征如下:

(1)几个绝对值式子相加或相减,不能有乘除;

(2)只有一个变量 x;

(3)x 系数为 1(或可统一化为 1),且只在绝对值内出现.

模块三 习题自测

1. 一个分数, 分子与分母之和是 100. 如果分子加 23, 分母加 32, 新的分数约分后为 $\dfrac{2}{3}$, 则原分数的分母与分子之差为( ).

   A. 22　　　　B. 23　　　　C. 24　　　　D. 25　　　　E. 26

2. 一个最简正分数, 如果分子加 36, 分母加 54, 分数值不变, 则原分数的分母与分子之积为( ).

   A. 2　　　　B. 3　　　　C. 4　　　　D. 6　　　　E. 12

3. 若 $|x-a|=4$, 则 x 的值为( ).

   A. $a+4$　　B. $a-4$　　C. $4-a$　　D. $a+4$ 或 $a-4$　　E. $a+4$ 或 $4-a$

4. (条件充分性判断) 函数 $f(x)$ 的最小值为 6.

   (1) $f(x)=|x-2|+|x+4|$.

   (2) $f(x)=|x+3|+|x-3|$.

5. (条件充分性判断) 方程的整数解有 5 个.

   (1) 方程为 $|x+1|+|x-3|=4$.　　　　(2) 方程为 $|x+1|-|x-3|=4$.

6. (条件充分性判断) 关于 x 的方程 $|x-1|-|x+1|=m$ 有唯一解.

   (1) $m>-2$.

   (2) $m<2$.

7. 设函数 $f(x)=|2x-2|+|x-2|$, 则 $f(x)$ 的最小值为( ).

   A. 0　　　　B. 1　　　　C. 2　　　　D. 3　　　　E. 4

8. $|x-1|+|x-2|+|x-3|+|x-4|$ 的最小值为( ).

   A. 0　　　　B. 1　　　　C. 2　　　　D. 3　　　　E. 4

答案速查

1-5: ADDDA　　　　6-8: CBE

习题详解

1.【答案】A

【解析】设这个分数的分子为 x，则分母为 $100-x$. 分子加 23，分母加 32 后，有 $\dfrac{x+23}{100-x+32}=$ $\dfrac{2}{3}$，解得 $x=39$. 所以这个分数的分子为 39，分母为 $100-x=100-39=61$，分母与分子之差为 $61-39=22$.

2.【答案】D

【解析】设原分数为 $\dfrac{b}{a}$，分子加 36，分母加 54 后变为 $\dfrac{b+36}{a+54}$，由题得到 $\dfrac{b+36}{a+54}=\dfrac{b}{a}$，根据等比定理得到 $\dfrac{b+36}{a+54}=\dfrac{b}{a}=\dfrac{b+36-b}{a+54-a}=\dfrac{36}{54}=\dfrac{2}{3}$，则 $\dfrac{b}{a}=\dfrac{2}{3}$，故原分数为 $\dfrac{2}{3}$，分母与分子之积为 6.

3.【答案】D

【解析】根据绝对值的几何意义，$|x-a|=4$ 表示数轴上到点 a 距离为 4 的点 x，故 x 为 $a+4$ 或 $a-4$.

4.【答案】D

【解析】条件(1) 符合【标志词汇】形如 $|x-a|+|x-b|$ 的两绝对值之和，当 $-4\leqslant x\leqslant 2$ 时，$f(x)=|x-2|+|x+4|$ 取最小值 $|-2-4|=6$，故条件(1)充分.

条件(2) 符合【标志词汇】形如 $|x-a|+|x-b|$ 的两绝对值之和，当 $-3\leqslant x\leqslant 3$ 时，$f(x)=|x+3|+|x-3|$ 取最小值 $|3-(-3)|=6$，故条件(2)充分.

5.【答案】A

【解析】条件(1)符合【标志词汇】形如 $|x-a|+|x-b|$ 的两绝对值之和，当 $-1\leqslant x\leqslant 3$ 时，取最小值 $|-1-3|=4$，此时有 $-1,0,1,2,3$ 共 5 个整数解.

条件(2)符合【标志词汇】形如 $|x-a|-|x-b|$ 的两绝对值之差 $(a\leqslant b)$，当 $x\leqslant a$ 时，取最小值 $-|a-b|$，当 $x\geqslant b$ 时，取最大值 $|a-b|$.

当 $x\geqslant 3$ 时，取最大值 $|-1-3|=4$，此时有无数个整数解. 故条件(2)不充分.

6.【答案】C

【解析】本题符合【标志词汇】形如 $|x-a|-|x-b|$ 的两绝对值之差，当 $x<-1$ 时，$|x-1|-|x+1|$ 取得最大值 2，不唯一；当 $x>1$ 时，$|x-1|-|x+1|$ 取得最小值 -2，不唯一；当 $-1<x<1$ 时，两绝对值之差在最大值与最小值之间变化，即 $-2<m<2$. 故条件(1)和条件(2)联合起来充分.

7.【答案】B

【解析】$f(x)=|2x-2|+|x-2|=2|x-1|+|x-2|=|x-1|+|x-1|+|x-2|$

符合多个绝对值之和【标志词汇】奇数个绝对值之和：当 x 取到最中间的零点时，有唯一 x 使绝对值之和取到最小值. 所以当 $x=1$ 时，$f(x)$ 取得最小值，最小值为 $f(1)=1$.

8. 【答案】E

【解析】根据多个绝对值之和【标志词汇】偶数个绝对值之和：当 x 在最中间两零点之间时，绝对值之和恒取到最小值。所以 $|x-1|+|x-2|+|x-3|+|x-4|$ 是在 $x \in [2,3]$ 时有最小值，此时 $|x-1|+|x-2|+|x-3|+|x-4|=x-1+x-2+[-(x-3)]+[-(x-4)]=4$.

数学考点精讲·强化篇

第2部分

代 数

第二章 代数式

模块一 考点剖析

考点一 恒等变形

（一）因式定理

1.必备知识点

1）因式定理

两个多项式恒等意味着不论该多项式中的字母取任何值,最终计算出的结果均相等.

因式定理的应用

设 $f(x)$ 是关于 x 的多项式,有:

$f(x)$ 含有因式 $(x-a)$ ⇔ $f(x)$ 能被 $(x-a)$ 整除 ⇔ $f(a)=0$.

$f(x)$ 含有因式 $(ax-b)$ ⇔ $f(x)$ 能被 $(ax-b)$ 整除 ⇔ $f\left(\dfrac{b}{a}\right)=0$.

【标志词汇1】系数全部为已知数字的高次多项式 $f(x)$ 要求分解因式或者求因式,可以尝试代入 $x=\pm1$, $x=\pm2$, $x=\pm3$,…如果发现代入 $x=1$ 后多项式的值为0,那么可以确定 $f(x)$ 含有因式 $x-1$,以此类推.

【标志词汇2】设 A 为一个多项式(常为一次式),题干中给出 A 是 $f(x)$ 的因式/ A 能整除 $f(x)$/ $f(x)$ 能被 A 整除,往往是在考查因式定理的应用.此时我们令因式 A 为零,则 $f(x)$ 也为零.

即有题干中给出多项式 $f(x)$ 的一次因式 $x-a$ 等同于给出 $f(a)=0$,直接代入 $x=a$ 求解系数即可.同理题干中给出多项式 $f(x)$ 的二次因式 $(x-a)(x-b)$ 时,有两个 x 值可使 $f(x)$ 为零,即等同于给出 $f(a)=0$ 或 $f(b)=0$,以此类推.

2）双十字相乘法

形如二次六项式 $ax^2+bxy+cy^2+dx+ey+f$,可以用双十字相乘法进行因式分解,如图2-1所示.

$$ax^2+bxy+cy^2+dx+ey+f$$

图 2-1

其中 $a_1a_2=a, c_1c_2=c, f_1f_2=f$;

$a_1c_2+a_2c_1=b, c_1f_2+c_2f_1=e, a_1f_2+a_2f_1=d.$

2. 典型例题

【例题1】用因式定理法将下面的多项式因式分解为两个一次式乘积的形式.

(1) $2x^2-5x+2$.　　　　　　　　(2) $2x^2-3x-9$.

【解析】本题符合【标志词汇1】.

(1) 代入 $x=2$, 多项式 $2x^2-5x+2$ 的值为零. 说明该多项式必有一个因式是 $x-2$. 设另一个因式为 $ax+b$, 即 $f(x)=2x^2-5x+2=(x-2)(ax+b)=ax^2+(b-2a)x-2b$, 根据对应项系数相等可知 $a=2, -2b=2, b=-1$, 另一个因式为 $2x-1$. 故因式分解结果为 $2x^2-5x+2=(x-2)(2x-1)$.

(2) 代入 $x=3$, 多项式 $2x^2-3x-9$ 的值为零, 说明该多项式必有一个因式是 $x-3$. 设另一个因式为 $ax+b$, 即 $f(x)=2x^2-3x-9=(x-3)(ax+b)=ax^2+(b-3a)x-3b$, 根据对应项系数相等可知 $a=2, -3b=-9, b=3$, 另一个因式为 $2x+3$. 故因式分解结果为 $2x^2-3x-9=(x-3)(2x+3)$.

【例题2】已知多项式 $f(x)=-x^3-a^2x^2+ax+1$ 能被 $x+1$ 整除, 则实数 a 的值为(　　).

A. -2 或 1　　　B. 2　　　　C. -1　　　　D. -2 或 2　　　　E. 1 或 -1

【解析】本题符合【标志词汇2】. $f(x)$ 能被 $x+1$ 整除, 意味着 $f(-1)=0$, 即 $f(-1)=-(-1)^3-a^2\times(-1)^2+a\times(-1)+1=0, a^2+a-2=(a+2)(a-1)=0$, 故 $a=-2$ 或 $a=1$.

【答案】A

【例题3】(条件充分性判断) 二次三项式 x^2+x-6 是多项式 $f(x)=2x^4+x^3-ax^2+bx+a+b-1$ 的一个因式.

(1) $a=16$.　　　　　　　(2) $b=2$.

【解析】本题要求 x^2+x-6 是多项式 $f(x)$ 的一个因式, 根据因式定理, 令因式 $x^2+x-6=0=(x-2)(x+3)$, 解得 $x=2$ 或 $x=-3$, 均可令 $f(x)=0$.

事实上, 当多项式 $f(x)$ 的因式是二次式时, 我们一般先将其因式分解, 转化为两个一次式相乘的形式, 则每个一次式均为原多项式 $f(x)$ 的因式 (简记为: 因式的因式是因式). $x^2+x-6=(x-2)(x+3)$, 说明 $x-2$ 和 $x+3$ 都是 $f(x)$ 的因式, 即 $f(2)=f(-3)=0$. 分别代入可得

$$\begin{cases} f(2)=2^5+2^3-4a+2b+a+b-1=0 \\ f(-3)=2\times(-3)^4+(-3)^3-9a-3b+a+b-1=0 \end{cases}$$

整理得 $\begin{cases} a-b=13 \\ 4a+b=67 \end{cases}$，解得 $\begin{cases} a=16 \\ b=3 \end{cases}$.

这意味着当且仅当 a,b 满足这个取值组合时，题干结论才成立，x^2+x-6 是多项式 $2x^4+x^3-ax^2+bx+a+b-1$ 的一个因式.

因此条件（1）条件（2）单独均不充分，联合也不充分.

【答案】E

【例题4】用双十字相乘法将多项式 $2x^2+5xy-3y^2-3x+5y-2$ 分解因式（　　）.

A. $(2x-y-1)(x+3y+2)$ 　　　　B. $(x-y+1)(2x+3y-2)$

C. $(x-y+1)(2x-3y-2)$ 　　　　D. $(2x+y-1)(x+3y-2)$

E. $(2x-y+1)(x+3y-2)$

【解析】如图 2-2 所示：

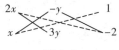

$$2x^2+5xy-3y^2-3x+5y-2$$

图 2-2

故有 $2x^2+5xy-3y^2-3x+5y-2=(2x-y+1)(x+3y-2)$.

【答案】E

（二）　待定系数法

1.必备知识点

待定系数法是一种求代数式中未知系数的方法. 一般步骤为：将一个多项式表示成另一种含有待定系数的新的形式，这样就得到一个恒等式，然后根据恒等式的性质得出系数应满足的方程（组），解方程（组）求出待定系数.

2.典型例题

【例题5】用待定系数法将多项式 $x^2+2xy-8y^2+2x+14y-3$ 分解因式.

【解析】原式 $x^2+2xy-8y^2+2x+14y-3=(x+4y)(x-2y)+2x+14y-3$，则原式能分解为两个一次因式乘积的可能形式为 $(x+4y+m)(x-2y+n)$，这里的 m,n 即为待定系数，展开可得 $x^2+2xy-8y^2+(m+n)x+(4n-2m)y+mn$，依多项式恒等的条件可得：

$$\begin{cases} m+n=2 & (1) \\ 4n-2m=14 & (2) \\ mn=-3 & (3) \end{cases}$$

由式（1）（2）解得 $\begin{cases} m=-1 \\ n=3 \end{cases}$ 且满足式（3），即原多项式可因式分解（否则就不能因式分解）.

故有 $x^2+2xy-8y^2+2x+14y-3=(x+4y-1)(x-2y+3)$.

模块二 常见标志词汇及解题入手方向

标志词汇 一 因式定理

可使用因式定理求解的题目常具有如下标志词汇:

【标志词汇1】系数全部为已知数字的高次多项式要求分解因式或者求因式.

入手方向:尝试代入 $x=\pm1,x=\pm2,x=\pm3,\cdots$ 如果发现代入 $x=1$ 后多项式的值为0,那么可以确定 $f(x)$ 含有因式 $x-1$.

【标志词汇2】设 A 为一个多项式(常为一次式),题干中给出 A 是 $f(x)$ 的因式/A 能整除 $f(x)/f(x)$ 能被 A 整除,往往是在考查因式定理的应用. 此时我们令因式 A 为零,则此时 $f(x)$ 也为零.

当因式 A 为一次式时,仅有一个 x 值可使 $f(x)$ 为零,即题干给出多项式的因式 $ax-b$,等同于给出 $f\left(\dfrac{b}{a}\right)=0$,直接代入求解系数即可.

当因式为二次式时,有两个 x 值可使 $f(x)$ 为零,以此类推.

模块三 习题自测

1. x^3-9x+8 与 $x^9+x^6+x^3-3$ 必同时含有下列哪个因式( ).

  A. $x+1$ B. $x+2$ C. $x+3$ D. $x-2$ E. $x-1$

2. 多项式 x^2+7x+6 , x^2-2x-3 , $2x^2+6x+4$, x^2-6x+5 , $2x^2+x-1$ 中含有因式 $x+1$ 的多项式共有( )个.

  A. 1   B. 2   C. 3   D. 4   E. 5

3. 多项式 x^2+x+m 能被 $x+5$ 整除,则此多项式也能被多项式( )整除.

  A. $x-6$ B. $x+4$ C. $x+6$ D. $x-4$ E. $x+2$

4. (条件充分性判断) $x-2$ 是多项式 $f(x)=x^3-2x^2+ax-b-2$ 的因式.

  (1) $a=1$, $b=2$.   (2) $a=2$, $b=2$.

5. 将多项式 $4x^2-4xy-3y^2-4x+10y-3$ 分解因式( ).

  A. $(4x-3y+1)(x+y-3)$ B. $(2x-3y+1)(2x+y-3)$

  C. $(4x-3y-1)(x+y-3)$ D. $(2x-y+1)(2x+3y-3)$

  E. $(2x-3y-1)(2x+y+3)$

习题详解

1. 【答案】E

   【解析】本题符合因式定理【标志词汇1】,把 $x=1$ 代入到上述两个多项式,所得两多项式的值均为零,故两个多项式一定都含有因式 $x-1$,即可立刻找到正确选项.

2. 【答案】D

   【解析】本题符合因式定理【标志词汇2】,要判断是否含有因式 $x+1$,只需要将 $x+1=0$ 即 $x=-1$ 代入,验证多项式值是否等于零即可. 分别代入 $x=-1$ 可得:

   $x^2+7x+6=(-1)^2+7\times(-1)+6=0$;

   $x^2-2x-3=(-1)^2-2\times(-1)-3=0$;

   $2x^2+6x+4=2\times(-1)^2+6\times(-1)+4=0$;

   $x^2-6x+5=(-1)^2-6\times(-1)+5=12\neq0$;

   $2x^2+x-1=2\times(-1)^2+(-1)-1=0$.

3. 【答案】D

   【解析】本题符合因式定理【标志词汇2】. $f(x)=x^2+x+m$ 能被 $x+5$ 整除,说明 $f(-5)=(-5)^2+(-5)+m=0$,解得 $m=-20$,即 $f(x)=x^2+x-20=(x+5)(x-4)$. 当 $x=4$ 时 $f(x)=0$,则 $f(x)$ 也可以被 $x-4$ 整除.

4. 【答案】B

   【解析】题干要求 $x-2$ 是多项式 $f(x)$ 的因式,意味着把 $x=2$ 代入,可得 $f(2)=2a-b-2=0$.

   条件(1):将 $a=1,b=2$ 代入,$f(2)=2a-b-2=-2\neq0$,故条件(1)不充分.

   条件(2):将 $a=2,b=2$ 代入,$f(2)=2a-b-2=0$,故条件(2)充分.

5. 【答案】B

   【解析】**思路一**:待定系数法:

   原式 $4x^2-4xy-3y^2-4x+10y-3=(2x-3y)(2x+y)-4x+10y-3$,则原式能分解成两个一次因式乘积的可能形式为 $(2x-3y+m)(2x+y+n)$,这里的 m,n 即为待定系数,展开可得 $4x^2-4xy-3y^2+(2m+2n)x-(3n-m)y+mn$.

   依多项式恒等的条件可得 $\begin{cases}2m+2n=-4\\m-3n=10\\mn=-3\end{cases}$,解得 $\begin{cases}m=1\\n=-3\end{cases}$.

   故有 $4x^2-4xy-3y^2-4x+10y-3=(2x-3y+1)(2x+y-3)$.

   思路二:双十字相乘:

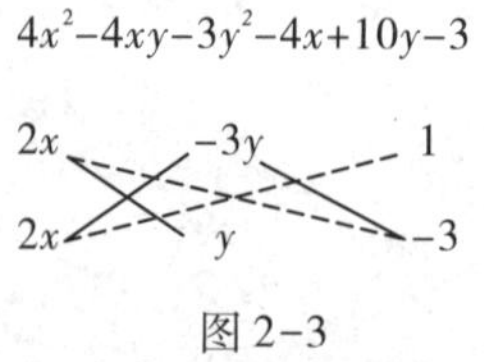

   $$4x^2-4xy-3y^2-4x+10y-3$$

   图 2-3

   故有 $4x^2-4xy-3y^2-4x+10y-3=(2x-3y+1)(2x+y-3)$.

方程、函数与不等式

模块一 考点剖析

考点一 指数函数与对数函数

对于求解包含指数或对数的方程或不等式,标准解题步骤如下:

(1)对于底数不同的指数或对数,利用指数或对数运算法则化为同底;

(2)将指数或对数整体换元,转化为一元二次方程求解;

(3)求取原函数的解,注意保证指数或对数有意义(指数的函数值大于零,对数的真数大于零).

(一) 指数函数

1. 必备知识点

1)指数函数的图像

函数 $y=a^x(a>0$,且 $a\neq1)$ 叫作指数函数.其定义域为 $\mathbf{R}$,值域为 $(0,+\infty)$.当 $a>1$ 时,函数 $y=a^x$ 单调递增,当 $0<a<1$ 时,函数 $y=a^x$ 单调递减.指数函数的图像恒过定点 $(0,1)$,即当 $x=0$ 时,$y=1$.指数函数性质见表 3.1

表 3.1 指数函数的性质

	$a>1$	$0<a<1$
图像		
性质	定义域:$\mathbf{R}$	
	值域:$(0,+\infty)$,即图像在 x 轴上方	
	图像恒过定点 $(0,1)$,即当 $x=0$ 时,$y=1$	
	$x>0$ 时,$y=a^x>1$; $x<0$ 时,$y=a^x<1$.	$x>0$,$y=a^x<1$; $x<0$,$y=a^x>1$.
	在 $\mathbf{R}$ 上是增函数	在 $\mathbf{R}$ 上是减函数

2）指数的运算公式

（1）常见指数值：

$2^2=4$, $\qquad$ $2^3=8$, $\qquad$ $2^4=16$, $\qquad$ $2^5=32$；

$3^2=9$, $\qquad$ $3^3=27$, $\qquad$ $3^4=81$；

$4^2=16$, $\qquad$ $4^3=64$, $\qquad$ $4^4=256$；

$5^2=25$, $\qquad$ $5^3=125$；

$6^2=36$.

（2）常用指数：$a^0=1$，$a^{\frac{1}{2}}=\sqrt{a}$，$a^{-\frac{1}{2}}=\dfrac{1}{\sqrt{a}}$，$a^{-n}=\dfrac{1}{a^n}$，$(a^m)^n=(a^n)^m(a>0)$.

（3）指数的运算法则：同底数幂相乘，底数不变，指数相加；同底数幂相除，底数不变，指数相减.

【举例】$2^3\times 2^2=2^{3+2}$, $\qquad\qquad$ $a^m\times a^n=a^{m+n}$；

$\qquad\quad$ $2^3\div 2^2=2^{3-2}$, $\qquad\qquad$ $a^m\div a^n=a^{m-n}$；

$\qquad\quad$ $(2^2)^3=2^{2\times 3}=2^{3\times 2}=(2^3)^2$, $\qquad$ $(a^m)^n=a^{m\times n}=(a^n)^m$.

（4）指数函数的大小比较：

当底数 $a>1$ 时，指数函数 $y=a^x$ 单调递增，有 $x_1>x_2\Leftrightarrow a^{x_1}>a^{x_2}$.

当底数 $0<a<1$ 时，指数函数 $y=a^x$ 单调递减，有 $x_1>x_2\Leftrightarrow a^{x_1}<a^{x_2}$.

2. 典型例题

【例题1】（条件充分性判断）$2^{3x^2+1}>16^{2-x}$.

（1）$x\in(0,1)$. $\qquad\qquad\qquad\qquad$ （2）$x\in(2,3)$.

【解析】第一步：化同底. 本题中相比较的指数的底数不同，需要先将其化为同底指数，即 $16^{2-x}=(2^4)^{2-x}=2^{4(2-x)}$，故原不等式等价于 $2^{3x^2+1}>2^{4(2-x)}$.

第二步：利用指数函数单调性比较大小. 底数大于1，函数单调递增，则 $3x^2+1>4(2-x)$，整理得 $3x^2+4x-7=(3x+7)(x-1)>0$，解得符合题干不等式成立要求的 x 的取值范围为 $x<-\dfrac{7}{3}$ 或 $x>1$. 故条件（1）不充分，条件（2）充分.

【答案】B

【例题2】方程 $(\sqrt{2}+1)^x+(\sqrt{2}-1)^x=6$ 的实数根之积为（ $\qquad$ ）.

A. 0 $\qquad\qquad$ B. 2 $\qquad\qquad$ C. -2 $\qquad\qquad$ D. 4 $\qquad\qquad$ E. -4

【解析】第一步：化同底. 本题中各指数的底数不同，需要先将其化为同底指数，由于 $\sqrt{2}+1=\dfrac{1}{\sqrt{2}-1}$，原方程转化为 $\left(\dfrac{1}{\sqrt{2}-1}\right)^x+(\sqrt{2}-1)^x=6$.

第二步：将指数整体换元. 令 $(\sqrt{2}-1)^x=t$（根据指数函数值为正有 $t>0$），则方程可转化为 $t+\dfrac{1}{t}=6$，即 $t^2-6t+1=0(t>0)$. 由一元二次方程求根公式解得此二次方程两根为 $t_1=3+2\sqrt{2}$，$t_2=3-2\sqrt{2}$，均满足 $t>0$.

第三步：求原函数的解. $(\sqrt{2}-1)^{x_1}=t_1=3-2\sqrt{2}=(\sqrt{2}-1)^2$，故 $x_1=2$.

$(\sqrt{2}-1)^{x_2} = t_2 = 3+2\sqrt{2} = \left(\dfrac{1}{\sqrt{2}-1}\right)^2 = (\sqrt{2}-1)^{-2}$，故 $x_2 = -2$.

原方程两实数根之积为 $x_1 x_2 = -4$.

【总结】当题目中出现形如 $\sqrt{a}+\sqrt{b}$ 和 $\sqrt{a}-\sqrt{b}$ 的算式（互为有理化因式），尤其当 $a-b=1$ 时，要有意识地运用 $\sqrt{a}+\sqrt{b} = \dfrac{a-b}{\sqrt{a}-\sqrt{b}}$，如 $\sqrt{2}+1 = \dfrac{1}{\sqrt{2}-1}$，$2+\sqrt{3} = \dfrac{1}{2-\sqrt{3}}$，$\sqrt{n+1}+\sqrt{n} = \dfrac{1}{\sqrt{n+1}-\sqrt{n}}$.

【答案】E

【例题3】解方程 $4^{\left(x-\frac{1}{2}\right)} + 2^x = 1$，则（　　）.

A. 方程有两个正实根　　　　　　B. 方程只有一个正实根

C. 方程只有一个负实根　　　　　　D. 方程有一正一负两个实根

E. 方程有两个负实根

【解析】第一步：化同底. 本题中各指数的底数不同，需要先将其化为同底指数，即 $4^{\left(x-\frac{1}{2}\right)} + 2^x = (2^2)^x \times 4^{\left(-\frac{1}{2}\right)} + 2^x = \dfrac{1}{2} \times (2^x)^2 + 2^x = 1$.

第二步：换元. 令 $t = 2^x$（根据指数函数值为正，有 $t>0$），则原式转化为一元二次方程 $\dfrac{1}{2}t^2 + t = 1$，即 $t^2 + 2t - 2 = 0$，由求根公式解得 $t_1 = \sqrt{3}-1$，$t_2 = -\sqrt{3}-1 < 0$（t_2 不符合 $t>0$ 的要求，故舍去）.

第三步：求原函数的解. $t = 2^x = \sqrt{3}-1 < 1 = 2^0$，故 $x<0$，方程只有一个负实根.

【答案】C

【例题4】（条件充分性判断）$|x-1|^{2x+1} < 1$.

（1）$x \in (-3, -2)$.　　　　　　　　（2）$x \in (1, 2)$.

【解析】由于任意非零实数的零次幂都等于1，即 $a^0 = 1 (a \neq 0)$，故题干不等式可写为 $|x-1|^{2x+1} < |x-1|^0$.

当底数 $|x-1|>1$，指数函数 $|x-1|^{2x+1}$ 单调递增，$|x-1|^{2x+1} < |x-1|^0 \Leftrightarrow 2x+1<0$.

联立得 $\begin{cases} |x-1|>1 \\ 2x+1<0 \end{cases}$，解得 $x < -\dfrac{1}{2}$.

当底数 $0<|x-1|<1$ 时，指数函数单调递减，$|x-1|^{2x+1} < |x-1|^0 \Leftrightarrow 2x+1>0$.

联立得 $\begin{cases} 0<|x-1|<1 \\ 2x+1>0 \end{cases}$，解得 $1<x<2$ 或 $0<x<1$.

故满足题干不等式成立要求的 x 的取值范围为 $x < -\dfrac{1}{2}$ 或 $1<x<2$ 或 $0<x<1$，条件（1）和条件（2）均充分.

【总结】①在指数方程或不等式中，常利用 $a^0 = 1 (a \neq 0)$ 将1改写为 a^0 的形式；同理在对数方程或不等式中，常利用 $\log_a a = 1$ 将1改写为 $\log_a a$ 的形式；②当指数不等式的底数中含有未知量时，一般需要将底数的取值分为 $(0,1)$ 和 $(1,+\infty)$ 两种情况讨论.

【答案】D

(二)　对数函数

1. 必备知识点

1) 对数函数的图像

函数 $y=\log_a x(a>0,$ 且 $a\neq1)$ 叫作对数函数. 其定义域为 $(0,+\infty)$, 值域为 **R**. 它与 $y=a^x$ 互为反函数, 对数函数的图像恒过定点 $(1,0)$. 对数函数性质见表 3.2.

表 3.2　对数函数的性质

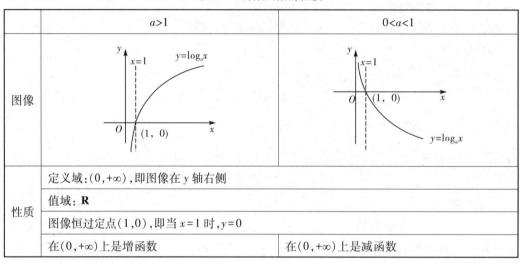

	$a>1$	$0<a<1$
图像		
性质	定义域:$(0,+\infty)$, 即图像在 y 轴右侧	
	值域:**R**	
	图像恒过定点 $(1,0)$, 即当 $x=1$ 时, $y=0$	
	在 $(0,+\infty)$ 上是增函数	在 $(0,+\infty)$ 上是减函数

2) 对数的运算公式

(1) 对数的运算性质见表 3.3, 其中 $a>0,a\neq1,M>0,N>0$.

表 3.3　对数的运算性质

运算性质	举例
$\log_a(MN)=\log_a M+\log_a N$	$\log_2(8\times4)=\log_2 8+\log_2 4$
$\log_a\left(\dfrac{M}{N}\right)=\log_a M-\log_a N$	$\log_2\left(\dfrac{8}{4}\right)=\log_2 8-\log_2 4$
$n\log_a M=\log_a M^n(n\in R)$	$2\log_2 3=\log_2 3+\log_2 3=\log_2(3\times3)=\log_2 3^2$
$\log_a a^n=n$	$\log_a 1=\log_a a^0=0;\log_a a=\log_a a^1=1$
$\log_a\sqrt[n]{M}=\dfrac{1}{n}\log_a M(n\in Z^+)$	$\log_2\sqrt{3}=\dfrac{1}{2}\log_2 3$

(2) 对数换底公式: $\log_b N=\dfrac{\log_a N}{\log_a b}.$ ($a>0,b>0,a,b\neq1,N>0$)

对数的换底公式阐明了不同底数的对数之间的关系, 可以先将方程或不等式中不同底的对数化为同底, 再进行化简计算.

由换底公式可以得到两个重要推论:① $\log_a b\cdot\log_b a=1$;② $\log_{a^n} b^m=\dfrac{m}{n}\log_a b.$

（3）两类特殊对数及常用对数值：

对于对数函数 $y=\log_a x$，当底数 $a=10$ 时，可记为 $\log_{10} x=\lg x$，称之为常用对数；当底数 $a=e$ 时，可记为 $\log_e x=\ln x$，称之为自然对数.

常用对数值见表 3.4.

表 3.4　常见对数值

对数	常用对数	自然对数
$\log_a 1=0$	$\lg 1=0$	$\ln 1=0$
$\log_a a=1$	$\lg 10=1$	$\ln e=1$
$\log_a \dfrac{1}{a}=-1$	$\lg \dfrac{1}{10}=-1$	$\ln \dfrac{1}{e}=-1$

（4）对数函数与指数函数：对数函数为指数函数的反函数，它们所表示的曲线是平面上以 $y=x$ 为对称轴的两条对称曲线，如图 3-1、图 3-2 所示.

当 $a>1$ 时，$y=\log_a x=\begin{cases} y>0, x>1 \\ y=0, x=1 \\ y<0, 0<x<1 \end{cases}$.

当 $0<a<1$ 时，$y=\log_a x=\begin{cases} y<0, x>1 \\ y=0, x=1 \\ y>0, 0<x<1 \end{cases}$.

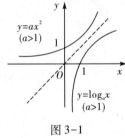

图 3-1

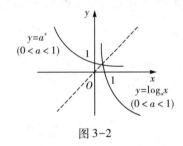

图 3-2

2.典型例题

【例题 6】求 $\log_{(x+1)}(3x-1)<0$ 的解集.

【解析】求解对数方程或不等式时，要首先保证底数满足限制条件且定义域为正，即

$$\begin{cases} x+1>0 \\ x+1\neq 1 \\ 3x-1>0 \end{cases} \Rightarrow \begin{cases} x>-1 \\ x\neq 0 \\ x>\dfrac{1}{3} \end{cases} \Rightarrow x>\dfrac{1}{3}.$$

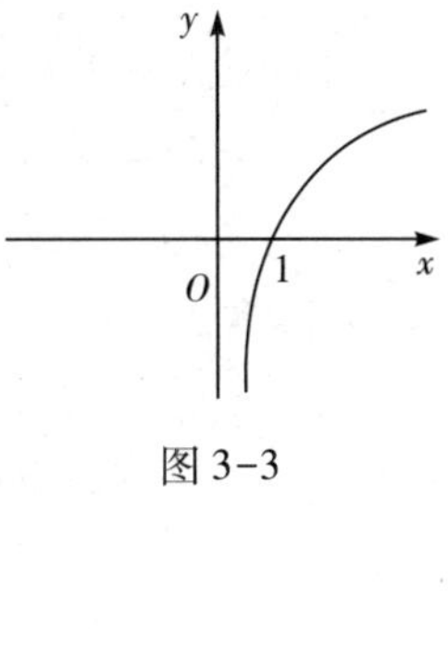

此时底数 $x+1>\dfrac{1}{3}+1>1$，对数函数单调递增.如图 3-3 所示.

利用常用对数值 $\log_a 1=0$，将待求式变形为 $\log_{(x+1)}(3x-1)<\log_{(x+1)}1$，由于对数函数单调递增，故不等式成立要求 $0<3x-1<1$，即 $\dfrac{1}{3}<x<\dfrac{2}{3}$.

图 3-3

【答案】$\dfrac{1}{3}<x<\dfrac{2}{3}$

【例题7】(条件充分性判断)$0<b<a<1$.

(1)$\log_a2>\log_b2>0$.　　　　　　　　(2)$\log_a2<\log_b2<0$.

【解析】条件(1):将 $\log_a2$ 和 $\log_b2$ 换为以 10 为底的常用对数,得 $\log_a2=\dfrac{\lg2}{\lg a}>\log_b2=\dfrac{\lg2}{\lg b}>0$,由于 $\lg2>0$,故 $\lg a$ 与 $\lg b$ 也均为正,即 $a>1$ 且 $b>1$,不符合 $0<b<a<1$,故条件(1)不充分.

条件(2):$\log_a2$ 和 $\log_b2$ 换为以 10 为底的常用对数,得 $\log_a2=\dfrac{\lg2}{\lg a}<\log_b2=\dfrac{\lg2}{\lg b}<0$,由于 $\lg2>0$,故 $\lg b<\lg a<0$,以 10 为底的对数函数单调递增,故 $0<b<a<1$,故条件(2)充分.

【总结】当对数方程/不等式中对数不同底时,首先利用换底公式其化为同底,一般化为以 10 为底的常用对数或以 e 为底的自然对数.

【答案】B

考点二　一元二次方程

(一)　仅给出根的正负性

1. 必备知识点

对于方程 $ax^2+bx+c=0$,题干中没有明确给出根的值,而是仅给出根的正负性时,一般需要通过二次函数的图像求解. 为此,我们总结出以下标志词汇及对应的解题入手方向.

【标志词汇1】二次方程 $ax^2+bx+c=0(a\neq0)$ 有一正一负两个根$\Leftrightarrow a$ 与 c 异号. 详细分析见表 3.5.

表 3.5

抛物线图像	若开口向上$(a>0)$,则一定有 y 轴截距 $f(0)=c<0$. 反之若开口向下$(a<0)$,则一定有 y 轴截距 $f(0)=c>0$,即 a 与 c 异号.
韦达定理	一正一负两根之积小于零,即 $x_1x_2=\dfrac{c}{a}<0$,a 与 c 异号.

注　(1)只要满足 a 与 c 异号即可自动满足根的判别式 $\Delta>0$ 的条件,无须再额外进行限制,可简要证明如下:

图像角度:a 与 c 异号即当开口向上$(a>0)$时抛物线上有点 $f(0)=c<0$ 在 x 轴下方;开口向下$(a<0)$时抛物线上有点 $f(0)=c>0$ 在 x 轴上方,即抛物线一定穿过 x 轴,一定有 $\Delta>0$.

韦达定理角度:$x_1x_2=\dfrac{c}{a}<0$,等价于 $ac<0$,$-ac>0$,此时一定有 $\Delta=b^2-4ac>0$.

(2)此时不能判断出函数的对称轴的正负性,函数的对称轴 $-\dfrac{b}{2a}$ 既有可能大于零(如图 3-4(a)所示),也有可能小于零(图 3-4(b)所示).

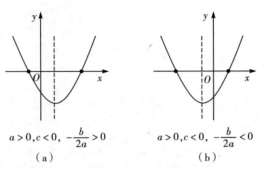

$$a>0,c<0,-\dfrac{b}{2a}>0 \qquad a>0,c<0,-\dfrac{b}{2a}<0$$
$$(a)\qquad\qquad (b)$$

图 3-4

【标志词汇 2】二次方程 $ax^2+bx+c=0(a\neq0)$ 有两个不相等的负根 $\Leftrightarrow\Delta>0$ 且 a,b,c 同号,详细分析见表 3.6.

表 3.6

前提条件:$\Delta=b^2-4ac>0$	
抛物线图像	二次函数对称轴在两负根之间,一定小于零,即 $\dfrac{x_1+x_2}{2}=-\dfrac{b}{2a}<0$,$a$ 与 b 同号
	若开口向上($a>0$),则 y 轴截距 $f(0)=c>0$(如图 3-5(a)所示). 若开口向下($a<0$),则 y 轴截距 $f(0)=c<0$(如图 3-5(b)所示). 综上所述,a 与 c 同号
韦达定理	两负根之和小于零,即 $x_1+x_2=-\dfrac{b}{a}<0$,a 与 b 同号
	两负根之积大于零,即 $x_1x_2=\dfrac{c}{a}>0$,a 与 c 同号

二次方程有两个不相等的负根的两种可能存在的图像如图 3-5 所示.

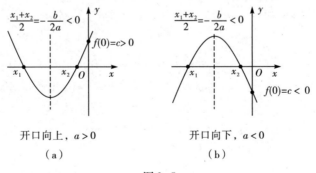

$$开口向上,a>0 \qquad 开口向下,a<0$$
$$(a)\qquad\qquad (b)$$

图 3-5

注 当题目给定二次方程 $ax^2+bx+c=0(a\neq0)$ 有两个不相等的负根时,必须先验证根的判别式 $\Delta>0$,否则可能产生无根的情况,如方程 $x^2+x+1=0$,抛物线如图 3-6 所示.

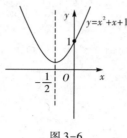

图 3-6

【标志词汇3】二次方程 $ax^2+bx+c=0(a\neq 0)$ 有两个不相等的正根 $\Leftrightarrow \Delta>0$，a 与 c 同号，a 与 b 异号，详细分析见表3.7.

表 3.7

前提条件：$\Delta=b^2-4ac>0$	
抛物线图像	二次函数的对称轴在两正根之间，一定大于零，即 $\dfrac{x_1+x_2}{2}=-\dfrac{b}{2a}>0$，$a$ 与 b 异号
	若开口向上 $(a>0)$，则 y 轴截距 $f(0)=c>0$（如图 3-7(a)）.
	若开口向下 $(a<0)$，则 y 轴截距 $f(0)=c<0$（如图 3-7(b)）.
	综上所述，a 与 c 同号
韦达定理	两正根之和大于零，即 $x_1+x_2=-\dfrac{b}{a}>0$，a 与 b 异号
	两正根之积大于零，即 $x_1x_2=\dfrac{c}{a}>0$，a 与 c 同号

二次方程有两个不相等的正根的两种可能图像如图 3-7 所示：

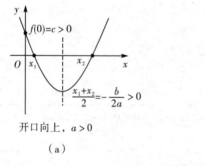
开口向上，$a>0$

（a）

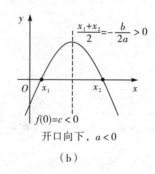
开口向下，$a<0$

（b）

图 3-7

注 当题目给定二次方程 $ax^2+bx+c=0(a\neq 0)$ 有两个不相等的正根时，亦必须先验证根的判别式 $\Delta>0$，否则可能产生无根的情况，如方程 $x^2-x+1=0$，抛物线如图 3-8 所示.

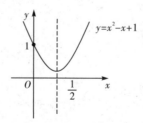

图 3-8

2.典型例题

【例题1】(条件充分性判断)方程 $x^2+ax+b=0$ 有一正一负两个实根.

(1) $b=-C_4^3$.   (2) $b=-C_7^5$.

【解析】题干要求符合【标志词汇1】.二次方程 $x^2+ax+b=0$ 有一正一负两个根⇔二次项系数1与常数项 b 异号,即要求 $b<0$. 由组合数的计算知:

条件(1): $b=-C_4^3=-4<0$,故条件(1)充分;

条件(2): $b=-C_7^5=-21<0$,故条件(2)亦充分.

【技巧】事实上,根据组合数的定义,组合数 C_n^m 表示从 n 个不同的元素中,任取 m 个元素($m\leqslant n$),不分顺序地组成一组的方法数,它必定是大于等于1的正整数,因此无须计算即可知 $-C_4^3$ 和 $-C_7^5$ 一定小于零,故两条件均充分.

【答案】D

【例题2】已知方程 $x^2-2x-m=0$ 有两个不相等的正根,则 m 的取值范围是( ).

A. $m>0$ B. $m<1$ C. $-1<m<0$ D. $m<-1$ E. $0<m<1$

【解析】题干要求符合【标志词汇3】.二次方程 $x^2-2x-m=0$ 有两个不相等的正根⇔ $\Delta>0$,1与 $-m$ 同号,即 $\begin{cases} \Delta=4+4m>0 \\ m<0 \end{cases}$,解得 $-1<m<0$.

【答案】C

【例题3】(条件充分性判断)方程 $4x^2+(a-2)x+a-5=0$ 有两个不相等的负实根.

(1) $a<6$.   (2) $a>5$.

【解析】题干要求符合【标志词汇2】.二次方程 $4x^2+(a-2)x+a-5=0$ 有两个不相等的负根⇔ $\Delta=a^2-20a+84=(a-6)(a-14)>0$,且 $a-2>0$,$a-5>0$,即有: $\begin{cases} a>14\ \text{或}\ a<6 \\ a-2>0 \\ a-5>0 \end{cases}$,解得结论成立需要确保 a 的取值范围为 $5<a<6$ 或 $a>14$.

条件(1): $a<6$ 不能保证 a 的取值范围一定在 $5<a<6$ 或 $a>14$ 之内,故条件(1)不充分.

条件(2): $a>5$ 亦不能保证 a 的取值范围一定在 $5<a<6$ 或 $a>14$ 之内,故条件(2)不充分.

联合条件(1)与条件(2)得 $5<a<6$,可以保证 a 的取值范围一定在 $5<a<6$ 或 $a>14$ 之内,故联合充分.

【答案】C

(二) 给出根的取值范围

1.必备知识点

当题目给出二次方程 $ax^2+bx+c=0$ ($a\neq0$)根的具体取值范围,而非仅仅给出根的正负性时,亦需要结合抛物线图像进行求解.为此,我们总结出以下标志词汇及对应的解题入手方向.

【标志词汇1】二次方程 $ax^2+bx+c=0(a\neq0)$ 两个根都在 (m,n) 范围内,意味着:①方程有实根;②对称轴 $-\dfrac{b}{2a}$ 在 (m,n) 范围内;③抛物线开口向上时, $f(m)>0$, $f(n)>0$ (如图3-9(a)所示);抛物线开口向下时, $f(m)<0$, $f(n)<0$ (如图3-9(b)所示).即有:

$$\begin{cases} \Delta\geqslant0 \\ m<-\dfrac{b}{2a}<n \\ af(m)>0 \\ af(n)>0 \end{cases}.$$

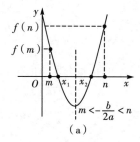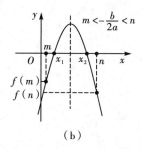

图3-9

【标志词汇2】二次方程 $ax^2+bx+c=0(a\neq0)$ 的一个根大于 m ,一个根小于 m (或给出一个数 m 在两根之间) $\Leftrightarrow f(m)$ 和 a 异号,即 $af(m)<0$.

注 (1)开口向上($a>0$)的抛物线过在 x 轴下方的某点($f(m)<0$),说明该抛物线一定会穿过 x 轴(如图3-10(a)所示).同理,开口向下($a<0$)的抛物线过在 x 轴上方的某点($f(m)>0$),也说明该抛物线一定会穿过 x 轴(如图3-10(b)所示).即若抛物线满足 $af(m)<0$,一定能保证其与 x 轴相交($\Delta>0$),故此时无须单独验证根的判别式.

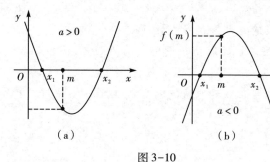

图3-10

(2)当 $m=0$ 时,本标志词汇相当于给出一正一负两个根,有 $f(m)=f(0)=c$,故 a,c 异号.

【总结】事实上,无论是给出根的正负性还是给出根的取值范围,题目本质均为给定根的取值范围,若给定两根在不同范围内,如两根一正一负、数 m 在两根之间,则无须验证根的判别式 Δ .若给定两根在同一范围内,如两个不相等的正根、两个不相等的负根、两根均在 $[m,n]$ 内,则需要首先验证根的判别式 Δ .另外,给出两根的具体取值范围时,常结合抛物线图像数形结合来分析(如例题4).

2.典型例题

【例题4】要使方程 $3x^2+(m-5)x+m^2-m-2=0$ 的两根 x_1，x_2 分别能满足 $0<x_1<1$ 和 $1<x_2<2$，实数 m 的取值范围是(　　).

A. $-2<m<-1$　　　　　B. $-4<m<-1$　　　　　C. $-4<m<-2$

D. $\dfrac{-1-\sqrt{65}}{2}<m<-1$　　　　E. $-3<m<1$

【解析】根据题意，在 $(0,1)$ 范围内只有一个根 x_1，在 $(1,2)$ 范围内只有一个根 x_2. 令 $f(x)=3x^2+(m-5)x+m^2-m-2$，则函数图像为开口向上的抛物线，与 x 轴的交点即为二次方程的根. 函数图像如图3-11所示.

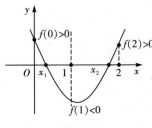

图3-11

分析图像可知，一定有 $\begin{cases} f(0)>0 \\ f(1)<0, \\ f(2)>0 \end{cases}$ 即 $\begin{cases} f(0)=m^2-m-2=(m-2)(m+1)>0 \\ f(1)=m^2-4=(m-2)(m+2)<0 \\ f(2)=m^2+m=m(m+1)>0 \end{cases}$，整理得

$\begin{cases} m>2 \text{ 或 } m<-1 \\ -2<m<2 \\ m>0 \text{ 或 } m<-1 \end{cases}$，故 m 的取值范围为 $-2<m<-1$.

【答案】A

【例题5】关于 x 的方程 $x^2+(a-1)x+1=0$ 有两个相异实根，且两根均在区间 $(0,2)$ 上，则实数 a 的取值范围为(　　).

A. $-1\leqslant a<1$　　　　　B. $-\dfrac{3}{2}\leqslant a<-1$　　　　　C. $-\dfrac{3}{2}<a<1$

D. $-\dfrac{3}{2}\leqslant a<0$　　　　　E. 以上选项均不正确

【解析】题目符合【标志词汇1】. 二次方程 $x^2+(a-1)x+1=0$ 有两个相异实根都在 $(0,2)$ 范围中，意味着：① $\Delta>0$；②对称轴在 $(0,2)$ 范围内，即 $0<-\dfrac{a-1}{2}<2$；③由于抛物线开口向上，故有 $f(0)>0$，$f(2)>0$. 根据以上分析列不等式组得

$\begin{cases} \Delta=(a-1)^2-4>0 \\ 0<\dfrac{1-a}{2}<2 \\ f(0)=1>0 \\ f(2)=2a+3>0 \end{cases}$，整理得 $\begin{cases} a<-1 \text{ 或 } a>3 \\ -3<a<1 \\ a>-\dfrac{3}{2} \end{cases}$，故 a 的取值范围是 $-\dfrac{3}{2}<a<-1$.

【答案】B

【例题6】（条件充分性判断）方程 $2ax^2-2x-3a+5=0$ 的一个根大于1，另一个根小于1.

(1) $a>3$.　　　　　　　　(2) $a<0$.

【解析】题干符合【标志词汇2】. 二次方程的一个根大于1，一个根小于 $1 \Leftrightarrow f(1)$ 和二次项系数 $2a$ 异号，即 $2af(1)=2a(2a-2-3a+5)<0$，整理得 $a(a-3)>0$. 解得题干结论成立要求 $a<0$ 或 $a>3$. 因此条件(1)和条件(2)均充分.

【答案】D

【拓展】如果题干的结论改为"一个根大于2，另一个根小于2"，那么应选哪个选项？

（答：由【标志词汇2】可知 $2af(2)<0$，$2a(5a+1)<0$，解得此时题干结论成立要求 $-\dfrac{1}{5}<a<0$. 故条件(1)和条件(2)单独或联合均不充分，应选 E.）

考点三　特殊方程、特殊不等式

（一）　方程的增根

1. 必备知识点

1）方程的增根

在解方程过程中，需要对方程进行某些数学运算或变形，例如，在解方程 $\dfrac{x^2+3x}{x-1}=\dfrac{4}{x-1}$ 的过程中，为了去掉分母，必须把两端同乘以 $x-1$，得到 $x^2+3x-4=(x-1)(x+4)=0$. 原方程的根必然是变形后方程的根，但变形后的方程有的根不是原方程的根，那么这样的根叫作原方程的增根，如本例中 $x=1$，它是在解方程的变形过程中产生的增根.

其核心原因在于，变形扩大了方程未知数的取值范围，原方程若要有意义，则需限定分母 $x-1\neq0$，即 $x\neq1$；而变形后 x 的取值范围为全体实数，扩大的范围为 $x=1$，恰为其中一个根，故 $x=1$ 成为原方程的增根.

2）可能产生增根的几种情况

(1) 解分式方程时，往往用最简公分母去乘方程的两端，因此可能产生增根.

【举例】解分式方程 $\dfrac{x}{x-2}-\dfrac{2}{x-2}=0$ 时，方程左右两端同乘 $x-2$ 变形后得到方程 $x-2=0$，解得根为 $x=2$. 但在原方程中，$x=2$ 时分母为零，分式无意义，故 $x=2$ 是该分式方程的增根.

总结：使分式方程的分母为零的根，是分式方程的增根.

(2) 解无理方程时，往往需要把方程两端同时平方，这样也会产生增根.

【举例】(1) 解无理方程 $\sqrt{x-2}\cdot\sqrt{x-1}=0$，$x=2$ 和 $x=1$ 均能使等式成立，但是由于 $x=1$ 时，第一个根式内的表达式 $x-2<0$，使根式无意义，故 $x=1$ 是该方程的增根.

(2) 解无理方程 $\sqrt{x+2}-x=0$，把 $-x$ 移项至等式右侧，两边平方得 $x+2=x^2$，解得 $x=2$ 或 $x=-1$. 但当 $x=-1$ 时，$\sqrt{x+2}=-1$，根式值小于零则无意义，故 $x=-1$ 是该方程的增根.

总结:使无理方程根式内表达式小于零的根,和使根式整体小于零的根,都是无理方程的增根.

(3)解对数方程时,常会用到一些恒等变形,这时也会产生增根.

【举例】解方程 $2\lg x=\lg(x+1)^2$,根据对数运算法则将原方程变形为 $\lg x^2=\lg(x+1)^2$,故 $x^2=(x+1)^2$,解得 $x=-\dfrac{1}{2}$,但此时 $\lg x$ 无意义,故 $x=-\dfrac{1}{2}$ 为方程的增根.

总结:使对数方程真数小于等于零的根,是对数方程的增根.

由以上可总结【标志词汇】方程有增根,意味着:①在解分式方程中求出令分母为零的根;②在解无理方程中求出令根式内表达式小于零的根,或使根式整体小于零的根;③在解对数方程中求出使真数小于等于零的根.

2.典型例题

【例题1】关于 x 的方程 $\dfrac{1}{x-2}+3=\dfrac{m-x}{2-x}$ 有增根,那么 m 的值为( ).

A.1　　　　B.2　　　　C.-1　　　　D.-2　　　　E.0

【解析】分式方程有增根,意味着在解分式方程中求出令分母为零的根,对于题中方程一定为 $x=2$.分式方程两边同时乘以 $x-2$,得 $1+3(x-2)=x-m$,解得 $x=\dfrac{5-m}{2}$,要使方程有增根,则需要 $\dfrac{5-m}{2}=2$,解得 $m=1$.

【答案】A

(二) 无理方程、无理不等式

1.必备知识点

对于无理方程、无理不等式,即带有根号的方程、不等式,一般解题入手方向是利用平方法去掉根号.因此需要对方程、不等式进行整理,无理部分和有理部分分别放在等号、不等号左右两边.注意要保证根号和算式整体均有意义.

1)无理方程、无理不等式定义

(1)无理方程:被开方数中有未知数的方程,叫作无理方程.联考中考查的无理方程主要为含有未知数的二次根式的方程.

【举例】$2+\sqrt{3x-6}=7$;$\sqrt[3]{x^2+1}=2x+1$;$\sqrt{x+1}+\sqrt{2x-3}=\sqrt[3]{x-6}$ 等都是无理方程.

(2)无理不等式:被开方数中有未知数的不等式,叫作无理不等式.

【举例】$\sqrt{2x+5}-\sqrt{x+4}>0$,$\sqrt{x-2}<2$ 等都是无理不等式.

2)无理方程解法

解无理方程的一般步骤为:

(1)把原方程适当移项,将方程两边平方,使之形成一个有理方程.

(2)解这个有理方程.

(3)验根:把解有理方程所得的根代入原方程中进行检验,如果这个根适合原方程,就是所求的根.

【举例】解方程 $\sqrt{4x+1}-2x+1=0$.

【解析】移项得 $\sqrt{4x+1}=2x-1$，两边平方得 $4x+1=4x^2-4x+1$，解得 $x_1=0$，$x_2=2$. 代回原根式方程验根得 $x=2$ 是原方程的根，$x=0$ 是增根，需舍去.

3）无理不等式的解法

一般求解无理不等式，需要先将无理不等式变形成有理不等式，之后结合二次根式的双重非负性的限制条件，将题目归结为解不等式组.

【举例】解不等式 $\sqrt{2x-3}<3$.

【解析】不等式成立的条件是 $\begin{cases} 2x-3\geqslant0（根式有意义） \\ 2x-3<3^2（不等号成立） \end{cases}$，解得 $\begin{cases} x\geqslant\dfrac{3}{2} \\ x<6 \end{cases}$，这个不等式组的

解即为原无理不等式的解，即 $\dfrac{3}{2}\leqslant x<6$.

由于很多题目中，虽然有二次根式，但是根号下可配方为完全平方式，此时可利用 $\sqrt{a^2}=|a|$ 变为绝对值方程或绝对值不等式求解，故可将联考中常见的几种无理不等式出题形式及对应解法总结成如图 3-12 所示的思维导图.

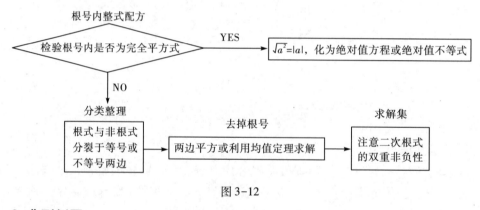

图 3-12

2. 典型例题

【例题 2】不等式 $|1-x|-\sqrt{x^2-8x+16}>0$ 的解集为（　　　）.

A. $x>\dfrac{5}{2}$ 　　　　 B. $x<\dfrac{5}{2}$ 　　　　 C. $x>4$ 　　　　 D. $x>1$ 　　　　 E. $x<1$

【解析】$\sqrt{x^2-8x+16}=\sqrt{(x-4)^2}=|x-4|$，故原不等式等价于 $|x-1|-|x-4|>0$. 根据绝对值的几何意义，只需在 1 与 4 的中点右边的所有点都满足要求，求得解集为 $x>\dfrac{5}{2}$. 数轴表示如图 3-13 所示.

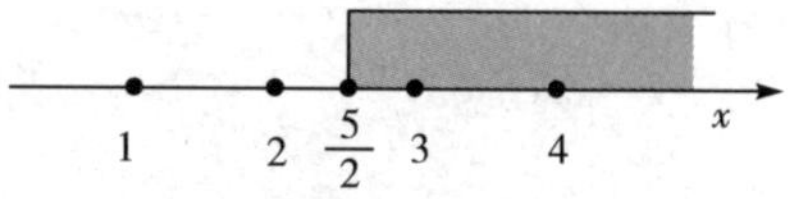

图 3-13

【答案】A

【例题3】（条件充分性判断）方程$\sqrt{x-p}=x$有两个不相等的正根.

(1)$p\geq0$.　　　　　　　(2)$p<\dfrac{1}{4}$.

【解析】对于无理方程,利用平方法去掉根号,有$\sqrt{x-p}=x$,两边平方得$x-p=x^2\Rightarrow x^2-x+p=0$有两个不相等的正根,根据仅给出根的正负性【标志词汇3】二次方程$ax^2+bx+c=0$$(a\neq0)$有两个不相等的正根$\Leftrightarrow\Delta>0$,$a$与$c$同号且$a$与$b$异号,可知$\Delta=1-4p>0$且$p>0$,故题干结论成立要求$0<p<\dfrac{1}{4}$.

对比两条件得条件(1)条件(2)单独或联合均不充分.

【技巧】当$p=0$时,方程$\sqrt{x-p}=x$化为$\sqrt{x}=x$,两边平方得$x(x-1)=0(x\geq0)$,解得$x=0$或$x=1$,不符合方程有两个不相等的正根的要求(零不是正根),故$p\neq0$.由于条件(1)和条件(2)中均包括$p=0$,故两条件单独或联合均不充分.

【答案】E

【拓展】如果把条件改为(1)$p>0$,(2)$p<\dfrac{1}{4}$,正确选项是多少?（答:选C.）

如果把条件改为(1)$p>0$,(2)$p<\dfrac{1}{5}$,正确选项是多少?（答:选C.）

如果把条件改为(1)$p>0$,(2)$p<\dfrac{1}{3}$,正确选项为?（答:选E.）

【例题4】（条件充分性判断）$\sqrt{1-x^2}<x+1$.

(1)$x\in[-1,0]$.　　　　　　　　(2)$x\in\left(0,\dfrac{1}{2}\right]$.

【解析】思路一:对于无理不等式,利用平方法去掉根号.二次根式具有双重非负性,即二次根式本身非负,二次根式内的表达式也非负.故可得:

$$\begin{cases}1-x^2\geq0\\x+1>0\\1-x^2<(x+1)^2\end{cases}\Rightarrow\begin{cases}-1\leq x\leq1\\-1<x\\x>0\text{ 或 }x<-1\end{cases}\Rightarrow0<x\leq1$$

故条件(1)不充分,条件(2)充分.

思路二:解析几何作图求解.原式左边$y_1=\sqrt{1-x^2}$,整理得$x^2+y_1^2=1(-1\leq x\leq1,y\geq0)$,表示圆心在原点,半径为1的上半圆.原式右边$y_2=x+1$表示与坐标轴交点分别为$(-1,0)$和$(0,1)$的直线.如图3-14所示,$\sqrt{1-x^2}<x+1$表示取半圆在直线下方的部分,即当$0<x\leq1$时,有$\sqrt{1-x^2}<x+1$.

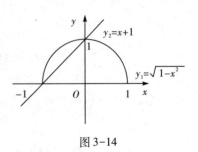

图3-14

注　本题中在进行平方法去掉根号时,一定要注意保证根号和算式整体均有意义,即限制根号下算式$1-x^2$非负,比根号大的算式$x+1$也非负.

【答案】B

【例题5】不等式$\sqrt{3-x}-\sqrt{x+1}>1$的解集中包含(　　　)个整数.

A.0　　　　　　B.1　　　　　　C.2　　　　　　D.3　　　　　　E.无数

【解析】对于整数问题,无须多次平方后求出解集范围,再数出整数个数,而应优先使用穷举法验证.能够满足两根式有意义,即$3-x\geq0$和$x+1\geq0$同时成立的整数只有$-1,0,1,2,3$五个.

代入$x=-1$可得:$\sqrt{3-(-1)}-\sqrt{-1+1}=2>1$,满足不等式.

代入$x=0$可得:$\sqrt{3-0}-\sqrt{0+1}=\sqrt{3}-1<1$,不满足不等式.

代入$x=1$可得:$\sqrt{3-1}-\sqrt{1+1}=\sqrt{2}-\sqrt{2}=0<1$,不满足不等式.

代入$x=2$可得:$\sqrt{3-2}-\sqrt{2+1}=1-\sqrt{3}<1$,不满足不等式.

代入$x=3$可得:$\sqrt{3-3}-\sqrt{3+1}=-2<1$,不满足不等式.

所以不等式的解集中只有一个整数-1.

【技巧】由于本题中限制两根式有意义后仅有五个满足要求的特值,故可以直接分别讨论.若满足要求特值较多,可进一步由$\sqrt{3-x}-\sqrt{x+1}>1>0$,限制$\sqrt{3-x}>\sqrt{x+1}$,两边平方得$3-x>x+1$,则$x<1$.此时仅有$-1$和$0$两个数满足不等式,验证这两个整数即可.

【答案】B

【例题6】若$y^2-2\left(\sqrt{x}+\dfrac{1}{\sqrt{x}}\right)y+3<0$对一切正实数$x$恒成立,则$y$的取值范围是(　　　).

A.$1<y<3$　　　　B.$2<y<4$　　　　C.$1<y<4$　　　　D.$3<y<5$　　　　E.$2<y<5$

【解析】对于含有两个变量x,y的不等式,已知其中一个变量x在某范围内不等式恒成立,求另一个变量y的取值范围,首先需要分离变量,即将x,y分别放在不等号的左右两边.

移项得$y^2+3<2\left(\sqrt{x}+\dfrac{1}{\sqrt{x}}\right)y$,由于$2\left(\sqrt{x}+\dfrac{1}{\sqrt{x}}\right)y>y^2+3>0$,且$\left(\sqrt{x}+\dfrac{1}{\sqrt{x}}\right)$为正,故一定有$y>0$,不等式两边同除以大于零的$2y$,得$\dfrac{y^2+3}{2y}<\sqrt{x}+\dfrac{1}{\sqrt{x}}$.由均值定理可知$\sqrt{x}+\dfrac{1}{\sqrt{x}}\geq2$,则$\dfrac{y^2+3}{2y}$必需小于$\sqrt{x}+\dfrac{1}{\sqrt{x}}$的最小值才能满足恒成立条件,因此有$\dfrac{y^2+3}{2y}<2$,整理得$y^2-4y+3<0$,解得$1<y<3$.

【技巧】本题采用常规解法较复杂,可采用特值代入法.由于不等式对一切正实数x恒成立,则取$x=1$对原式进行化简,将不等式变形为$y^2-4y+3<0$,解得$1<y<3$.原不等式的解集必为$(1,3)$的子集,由选项分析得只有A选项符合要求.

【答案】A

（三）　带绝对值的不等式

1.必备知识点

对于带有绝对值的方程、不等式,核心的解题思路依然是去掉绝对值,为了去掉绝对值,我们需要依据绝对值内代数式的性质将出题形式分为:①绝对值内为一次算式;②绝对值内为二次算式;③仅一次项变量带绝对值符号的方程、不等式.

1)绝对值内为一次算式:几何意义

若绝对值内为关于 x 的一次算式,且 x 系数为 1,求几个绝对值之和或者之差,则利用绝对值的几何意义或根据绝对值定义进行零点分段等处理去掉绝对值.

【标志词汇1】形如 $|x-a|+|x-b|$ 的两绝对值之和.

如图 3-15(a)所示,当 x 在 $[a,b]$ 之内的任意位置时,绝对值之和为定值,恒等于 a,b 的距离即 $|a-b|$,同时这也是两绝对值之和能取到的最小值.

如图 3-15(b)所示,当 x 在 $[a,b]$ 之外时,随着 x 远离 a,b 点,$|x-a|+|x-b|$ 的取值也随之增加,且没有上限,即 $|x-a|+|x-b|$ 没有最大值.

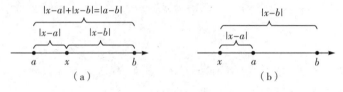

图 3-15

【举例】$|x-1|+|x+1|$ 代表数轴上的点到 1 和 -1 的距离之和.当 $-1 \leqslant x \leqslant 1$ 时,这个值恒为 2(-1 到 1 的距离),所以,$|x-1|+|x+1|$ 最小值为 2,没有最大值.

若问:$|x-1|+|x+1|<2$ 的解集,那么答案为空集.

若问:$|x-1|+|x+1|=2$ 的解集,那么答案为 $-1 \leqslant x \leqslant 1$.

若问:$|x-1|+|x+1|>2$ 的解集,那么答案为 $x<-1$ 或 $x>1$.

【标志词汇2】形如 $|x-a|-|x-b|$ 的两个绝对值之差.

当 x 在 $[a,b]$ 之外时,部分距离相互抵消.如图 3-16(a)所示,$|x-a|-|x-b|=|a-b|$,此即两绝对值之差的最大值.如图 3-16(b)所示,$|x-a|-|x-b|=-|a-b|$,此即两绝对值之差的最小值.

当 x 在 $[a,b]$ 中移动时,如图 3-16(c)所示,两绝对值之差在最大值 $|a-b|$ 与最小值 $-|a-b|$ 之间变化,当 $x=\dfrac{a+b}{2}$,即 x 在 a,b 的中点时,绝对值之差为零.

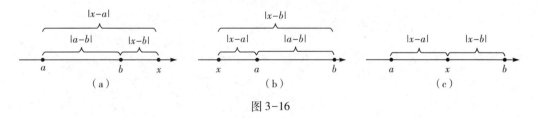

图 3-16

2.典型例题

【例题7】求不等式 $|x-1|+|x-3|>4$ 的解集.

【解析】由绝对值的几何意义可知:当 $1 \leqslant x \leqslant 3$ 时,原不等式的值为定值 2.

当 $x<1$ 时,x 到 1 的距离加上 x 到 3 的距离等于 2 倍的 x 到 1 的距离加上 1 到 3 的距离,即 $|x-1|+|x-3|=2|x-1|+|3-1|=2|x-1|+2>4$,则 $|x-1|>1$,故 $x<0$ 或 $x>2$(舍).

当 $x>3$ 时,同理可得 $|x-1|+|x-3|=2|x-3|+|3-1|=2|x-3|+2>4$,则 $|x-3|>1$,故 $x>4$ 或 $x<2$(舍).

因此待求不等式的解集为 $x<0$ 或 $x>4$.

【答案】$x<0$ 或 $x>4$

【例题8】(条件充分性判断)不等式 $|x+2|\geqslant|x|$ 成立.

(1) $x\geqslant-1$.　　　　　　　(2) $x\geqslant1$.

【解析】将题干不等式变形得 $|x+2|-|x|\geqslant0$,由绝对值的几何意义可知,$|x+2|-|x|$ 代表数轴上 x 到 -2 的距离与到 0 的距离之差.当 x 在 -2 与 0 的中点,即 $x=-1$ 时,$|x+2|-|x|$ 距离之差为零,随着 x 的位置向右移动,距离的差值越来越大,直到 x 的取值超过 0 以后,距离之差为定值 2.

所以能使 $|x+2|\geqslant|x|$ 成立的 x 的范围为 $x\geqslant-1$,条件(1)$x\geqslant-1$ 和条件(2)$x\geqslant1$ 都能够确保 $x\geqslant-1$ 成立,均充分.

【答案】D

【拓展】若题目改为:不等式 $|x+2|\geqslant|x|+2$ 成立,那么能确保该结论成立的 x 的范围是什么?(答案:$x\geqslant0$.)

2)绝对值内为一次算式:零点分段法

由于利用绝对值的几何意义有一定的适用题目限制,如果两个绝对值内的未知数系数不一致或其他条件不满足时,可根据绝对值的定义利用零点分段法去掉绝对值,其计算稍显烦琐,但却是最具普适性的方法.

【例题9】(条件充分性判断)$x^2-x-5>|2x-1|$.

(1) $x>4$.　　　　　　　(2) $x<-1$.

【解析】根据 $|2x-1|$ 零点分段讨论可得:

当 $x\geqslant\dfrac{1}{2}$ 时,不等式化为 $x^2-x-5>2x-1$,整理得 $x^2-3x-4>0$,解得 $x>4$ 或 $x<-1$.由于此时讨论范围为 $x\geqslant\dfrac{1}{2}$,故此时解集应为 $x>4$.

当 $x<\dfrac{1}{2}$ 时,不等式化为 $x^2-x-5>-2x+1$,整理得 $x^2+x-6>0$,解得 $x>2$ 或 $x<-3$.由于此时讨论范围为 $x<\dfrac{1}{2}$,故此时解集应为 $x<-3$.

联合可知题干条件成立要求的 x 取值范围为 $x>4$ 或 $x<-3$.故条件(1)充分,条件(2)不充分.

【答案】A

【例题10】不等式 $|x-1|-|2x+4|\geqslant1$ 的解集为(　　).

A. $4>x>\dfrac{4}{3}$　　　　B. $-4\leqslant x\leqslant-\dfrac{4}{3}$　　　　C. $x\geqslant4$ 或 $x\leqslant-\dfrac{4}{3}$

D. $x\geqslant4$　　　　E. $x\leqslant-\dfrac{4}{3}$

【解析】由于绝对值中未知数 x 的系数不为 1(且不能全化为 1),故不能使用绝对值的几何意义求解,此时采用零点分段法.

当 $x>1$ 时,不等式化为 $x-1-2x-4\geq1$,解得 $x\leq-6$,由于此时讨论范围为 $x>1$,故此时不等式无解.

当 $-2\leq x\leq1$ 时,不等式化为 $1-x-2x-4\geq1$,解得 $x\leq-\frac{4}{3}$,由于此时讨论范围为 $-2\leq x\leq1$,故此时不等式的解集为 $-2\leq x\leq-\frac{4}{3}$.

当 $x<-2$ 时,不等式化为 $1-x+2x+4\geq1$,解得 $x\geq-4$.由于此时讨论范围为 $x<-2$,故此时不等式的解集为 $-4\leq x<-2$.

联合可知不等式的解集为 $-4\leq x\leq-\frac{4}{3}$.

【答案】B

3)绝对值内为二次算式 $|ax^2+bx+c|$

当题目中出现【标志词汇】形如 $|ax^2+bx+c|$ 的绝对值内为二次的算式时,解题入手方向为:优先验证 Δ 以去掉绝对值符号.若 $\Delta<0$ 并且抛物线开口向上($a>0$),说明该二次函数值恒大于零,可以直接去绝对值.反之,若 $\Delta<0$ 并且抛物线开口向下($a<0$),说明该二次函数值恒小于零,可以去掉绝对值后变为其相反数.

若二次算式非恒为正或恒为负,则需要根据不等式性质转化去掉绝对值:

(1)$|f(x)|<a\Leftrightarrow-a<f(x)<a(a>0)$;

(2)$|f(x)|>a\Leftrightarrow f(x)<-a$ 或 $f(x)>a(a>0)$;

(3)$0<a\leq|f(x)|\leq b\Leftrightarrow0<a\leq f(x)\leq b$ 或 $-b\leq f(x)\leq-a<0$.

【例题11】求不等式 $|x^2+x+1|>1$ 的解集.

【解析】绝对值内二次算式对应的方程为 $x^2+x+1=0$,根的判别式 $\Delta=1-4<0$,且它所对应的抛物线开口向上,则与 x 轴无交点,x^2+x+1 恒大于零,可以直接去掉绝对值,得 $x^2+x+1>1$,$x^2+x=x(x+1)>0$,解得 $x<-1$ 或 $x>0$.

【答案】$x<-1$ 或 $x>0$

【例题12】不等式 $|x^2-x-4|>2$ 的解集为(　　).

A.$x>3$ 或 $x<-2$ 或 $-1<x<2$　　B.$x<2$ 或 $1<x<3$

C.$x>2$ 或 $x<-2$　　D.$-2<x<-1$ 或 $2<x<3$

E.以上均不正确

【解析】绝对值内二次算式对应的方程为 $x^2-x-4=0$,根的判别式 $\Delta=17>0$,此时 x^2-x-4 的正负性不确定,需要根据不等式的性质转化去掉绝对值,即有 $x^2-x-4>2$ 或 $x^2-x-4<-2$,分别整理得

$x^2-x-6=(x-3)(x+2)>0$,解得 $x>3$ 或 $x<-2$.

$x^2-x-2=(x-2)(x+1)<0$,解得 $-1<x<2$.

【说明】以上求得的每一个 x 取值区间均能令不等式成立,所求不等式的解集应为所有区域的并集.

【答案】A

4）$ax^2+b|x|+c$

【标志词汇】题目中的方程或不等式为形如 $ax^2+b|x|+c$ 的算式时,解题入手方向为:利用 $x^2=|x|^2$,进行换元处理,即

$$ax^2+b|x|+c=a|x|^2+b|x|+c \overset{t=|x|}{\Longrightarrow} at^2+bt+c(t \geqslant 0)$$

注 在换元时,由于 $t=|x|$ 为具有非负性的算式,t 的取值范围为 $[0,+\infty)$.

【例题13】已知关于 x 的方程 $x^2+(a-2)|x|-2a=0$ 有两个不同的实数根,则系数 a 的取值范围是(   ).

A. $a>0$ B. $a<0$ C. $a>0$ 或 $a=-2$

D. $a=-2$ E. $a<0$ 或 $a=-2$

【解析】利用 $x^2=|x|^2$ 可得 $x^2+(a-2)|x|-2a=|x|^2+(a-2)|x|-2a=(|x|+a)(|x|-2)=0$,对于因式 $|x|-2$,当 $x=\pm2$ 时均有 $|x|-2=0$,即 $x=\pm2$ 可令等式成立,因此2 和 -2 为方程的两个不同实根,因此要求方程有且仅有两个不同的实根,即要求因式 $|x|+a$ 无法取到零或求得的根也为 ±2. 当 $a>0$ 时,$|x|+a$ 为具有非负性的算式与一正数 a 之和,结果一定为正,则无法取到零. 当 $a=-2$ 时,$|x|+a=|x|-2$,同样得到 ±2 两个根. 因此系数 a 的取值范围为 $a>0$ 或 $a=-2$.

【答案】C

考点四 均值不等式

当题目中给出未知量限制为正,且有带常数1(或其他整数)的一次等式的条件限制时,求最值考虑用均值定理.

【标志词汇】有带常数1 的一次等式条件限制,用均值定理求最值,入手方向:乘1 法或换1 法.

【例题1】已知 $x,y>0$,且 $x+2y=1$,则 $\dfrac{1}{x}+\dfrac{8}{y}$ 的最小值为_____.

【解析】此题符合【标志词汇】有带常数1 的一次等式条件限制,用均值定理求最值,入手方向:乘1 法/换1 法. 乘1 法:$\dfrac{1}{x}+\dfrac{8}{y}=(x+2y)\left(\dfrac{1}{x}+\dfrac{8}{y}\right)=\dfrac{x+2y}{x}+\dfrac{8(x+2y)}{y}=1+\dfrac{2y}{x}+\dfrac{8x}{y}+$

$16 \geqslant 17+2\sqrt{\dfrac{2y}{x} \cdot \dfrac{8x}{y}}=17+2 \times 4=25.$ 当且仅当 $\dfrac{2y}{x}=\dfrac{8x}{y} \Rightarrow 2y^2=8x^2 \Rightarrow y=2x$ 时等号成立,此时

取到最小值25. 可得 $\begin{cases} x+2y=1 \\ y=2x \end{cases} \Rightarrow \begin{cases} x=\dfrac{1}{5} \\ y=\dfrac{2}{5} \end{cases}.$

【答案】25

【例题2】已知 $a,b,c>0$,且 $a+b+c=1$,则 $m=\left(\dfrac{1}{a}-1\right)\left(\dfrac{1}{b}-1\right)\left(\dfrac{1}{c}-1\right)$ 的最小值为_____.

【解析】此题符合【标志词汇】有带常数1 的一次等式条件限制,用均值定理求最值,入手

方向:乘1法或换1法.

换1法: $m=\left(\dfrac{1}{a}-1\right)\left(\dfrac{1}{b}-1\right)\left(\dfrac{1}{c}-1\right)=\left(\dfrac{a+b+c}{a}-1\right)\left(\dfrac{a+b+c}{b}-1\right)\left(\dfrac{a+b+c}{c}-1\right)=\left(\dfrac{b+c}{a}+1-1\right)$

$\left(\dfrac{a+c}{b}+1-1\right)\left(\dfrac{a+b}{c}+1-1\right)=\dfrac{b+c}{a}\cdot\dfrac{a+c}{b}\cdot\dfrac{a+b}{c}\geqslant\dfrac{2\sqrt{bc}}{a}\cdot\dfrac{2\sqrt{ac}}{b}\cdot\dfrac{2\sqrt{ab}}{c}=8.$ 当且仅当 $a=b=c=\dfrac{1}{3}$ 时等号成立.

【答案】8

【例题3】已知 $a>0,b>0$,且 $ab=4+2b$,则 $a+b$ 的最小值为_____.

【解析】此题符合【标志词汇】有二次不对称或不带常数的等式条件限制,用均值定理求最值,入手方向:消元法.先消元,再用均值定理求最值. $ab=4+2b\Rightarrow b(a-2)=4\Rightarrow b=\dfrac{4}{a-2}$,则 $a+b=a+\dfrac{4}{a-2}$.式子符合【标志词汇】求几项之和的最小值→凑配使它们的乘积为常数. $a+b=a+\dfrac{4}{a-2}=a-2+\dfrac{4}{a-2}+2\geqslant2\sqrt{(a-2)\cdot\dfrac{4}{a-2}}+2=6$,当且仅当 $a-2=\dfrac{4}{a-2}\Rightarrow(a-2)^2=4$,即 $a=4$ 时等号成立.

【答案】6

考点五 绝对值三角不等式

1.必备知识点

【标志词汇】题目中同时出现 $|a|,|b|,|a+b|$ 或 $|a-b|$ 等形式的绝对值,并且一般是求最值,考虑从绝对值不等式入手.考题中常将绝对值不等式拆分,主要考查取等号的条件.

对于 $|a|-|b|\leqslant|a+b|\leqslant|a|+|b|$ 的分析见表3.8.

表3.8

绝对值不等式	成立条件	绝对值不等式	成立条件
$|a+b|\leqslant|a|+|b|$	恒成立	$|a+b|<|a|+|b|$	$ab<0$
		$|a+b|=|a|+|b|$	$ab\geqslant0$
$|a|-|b|\leqslant|a+b|$	恒成立	$|a|-|b|<|a+b|$	$ab>0$
			$ab\leqslant0$ 且 $|a|<|b|$
		$|a|-|b|=|a+b|$	$ab\leqslant0$ 且 $|a|\geqslant|b|$

对于 $|a|-|b|\leqslant|a-b|\leqslant|a|+|b|$ 的分析见表3.9.

表3.9

绝对值不等式	成立条件	绝对值不等式	成立条件
$|a-b|\leqslant|a|+|b|$	恒成立	$|a-b|<|a|+|b|$	$ab>0$
		$|a-b|=|a|+|b|$	$ab\leqslant0$
$|a|-|b|\leqslant|a-b|$	恒成立	$|a|-|b|<|a-b|$	$ab<0$
			$ab\geqslant0$ 且 $|a|<|b|$
		$|a|-|b|=|a-b|$	$ab\geqslant0$ 且 $|a|\geqslant|b|$

注　几乎所有单一变量及部分多变量的绝对值不等式题目都可以用绝对值的几何意义快速解答.

2.典型例题

【例题1】(条件充分性判断)x,y是实数,$|x|+|y|=|x-y|$.

(1)$x>0,y<0$.　　　　　　　　　(2)$x<0,y>0$.

【解析】思路一: 本题考查绝对值不等式取等号条件.根据上表可知,$|x-y|=|x|+|y|$成立的条件为$xy\leq0$.故条件(1)和条件(2)均充分.

思路二: 本题也可以从绝对值的几何意义考虑.题干所要表达的是:当x,y是怎样的取值情况时,点x到原点的距离加上点y到原点的距离之和等于x,y之间的距离.

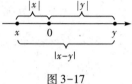

图3-17

如图3-17所示,可由数轴辅助判断,当x,y分别位于原点左右两侧或与原点重合时等式成立,即$xy\leq0$,因此条件(1)和条件(2)均充分.

【答案】D

【例题2】已知$|2x-a|\leq1$,$|2x-y|\leq1$,则$|y-a|$的最大值为(　　).

A.1　　　　B.3　　　　C.2　　　　D.4　　　　E.5

【解析】将给定条件向待求式进行凑配,利用绝对值不等式可知$|y-a|=|(2x-a)-(2x-y)|\leq|(2x-a)|+|(2x-y)|\leq1+1=2$,从而选C.

【答案】C

【例题3】(条件充分性判断)已知a,b是实数,则$|a|\leq1$,$|b|\leq1$.

(1)$|a+b|\leq1$.　　　　　　　　　(2)$|a-b|\leq1$.

【解析】条件(1):设$a=100,b=-100$,满足$|a+b|=|100-100|=0\leq1$,但是不满足$|a|\leq1$,$|b|\leq1$,故条件(1)单独不充分.同理,条件(2):设$a=100,b=100$,满足$|a-b|=|100-100|=0\leq1$,同样不满足$|a|\leq1$,$|b|\leq1$,故条件(2)单独亦不充分.

联合条件(1)与条件(2)向待求式进行凑配,$2|a|=|(a+b)+(a-b)|\leq|a+b|+|a-b|\leq2$,故$|a|\leq1$.同理,$2|b|=|(a+b)-(a-b)|\leq|a+b|+|a-b|\leq2$,故$|b|\leq1$.条件(1)与条件(2)联合充分,应选C项.

【答案】C

模块二　常见标志词汇及解题入手方向

标志词汇 一　仅给出根的正负性

当题干中仅给出根的正负性时,一般需要通过二次函数的图像求解,常见标志词汇及入手方向如下:

【标志词汇1】二次方程 $ax^2+bx+c=0\,(a\neq0)$ 有一正一负两个根 $\Leftrightarrow a$ 与 c 异号.

【标志词汇2】二次方程 $ax^2+bx+c=0\,(a\neq0)$ 有两个不相等的负根 $\Leftrightarrow \Delta>0$ 且 a,b,c 同号.

【标志词汇3】二次方程 $ax^2+bx+c=0\,(a\neq0)$ 有两个不相等的正根 $\Leftrightarrow \Delta>0$, a 与 c 同号, a 与 b 异号.

标志词汇 二　给出根的取值范围

【标志词汇1】二次方程 $ax^2+bx+c=0\,(a\neq0)$ 两个根都在 (m,n) 范围内 $\Leftrightarrow$ $\begin{cases} \Delta\geqslant0 \\ m<-\dfrac{b}{2a}<n \\ af(m)>0 \\ af(n)>0 \end{cases}$.

【标志词汇2】二次方程 $ax^2+bx+c=0\,(a\neq0)$ 的一个根大于 m,一个根小于 m(或给出一个数 m 在两根之间) $\Leftrightarrow af(m)<0$.

标志词汇 三　增根

【标志词汇】题目中出现的方程有增根,意味着:

(1)若为分式方程,则必在解分式方程中求出令分母为零的根;

(2)若为无理方程,则必在解无理方程中求出令根式内表达式小于零的根,或使根式整体小于零的根;

(3)若为对数式,则必在解对数式中求出使真数小于等于零的根.

标志词汇 四　带绝对值的不等式

对于带有绝对值的方程或不等式,核心的解题思路是去掉绝对值,题目中常见标志词汇及入手方向如下:

1.绝对值内为关于 x 的一次算式

【标志词汇1】x 系数为1且只在绝对值内出现,求几个绝对值之和或者之差.

入手方向:利用绝对值的几何意义或根据绝对值定义进行零点分段等处理去掉绝对值.

【标志词汇2】x 系数不为1或不只在绝对值内出现,求几个绝对值之和或者之差.

入手方向:根据绝对值的定义利用零点分段法去掉绝对值.

2.绝对值内为关于x的二次算式

【标志词汇3】题目中出现形如$|ax^2+bx+c|$绝对值内为二次算式,入手方向为:

(1)优先验证Δ以去掉绝对值符号.若$\Delta<0$并且抛物线开口向上($a>0$),说明该二次函数值恒大于零,可以直接去绝对值.反之若$\Delta<0$并且抛物线开口向下($a<0$),说明该二次函数值恒小于零,可以去掉绝对值后变为其相反数.

(2)若二次算式非恒为正或恒为负,则需要根据不等式性质转化去掉绝对值:

$|f(x)|<a\Leftrightarrow-a<f(x)<a\,(a>0)$;

$|f(x)|>a\Leftrightarrow f(x)<-a$ 或 $f(x)>a\,(a>0)$;

$0<a\leqslant|f(x)|\leqslant b\Leftrightarrow 0<a\leqslant f(x)\leqslant b$ 或 $-b\leqslant f(x)\leqslant-a<0$.

3.绝对值内仅有x

【标志词汇4】题目中的方程或不等式为形如$ax^2+b|x|+c$的算式时,解题入手方向为:利用$x^2=|x|^2$,进行换元处理,即

$$ax^2+b|x|+c=a|x|^2+b|x|+c\overset{t=|x|}{\Longrightarrow}at^2+bt+c\,(t\geqslant0).$$

标志词汇 五 均值定理

【标志词汇1】有带常数1的一次等式条件限制,用均值定理求最值,入手方向:乘1法或换1法.

【标志词汇2】有二次不对称或不带常数的等式条件限制,用均值定理求最值,入手方向:消元法.先消元,再用均值定理求最值.

标志词汇 六 绝对值三角不等式

【标志词汇】题目中同时出现$|a|,|b|,|a+b|$或$|a-b|$等形式的绝对值,并且一般是求最值,考虑从绝对值不等式入手.考题中常将绝对值不等式拆分,主要考查取等号的条件.

对于$|a|-|b|\leqslant|a+b|\leqslant|a|+|b|$的分析见表3.10.

表3.10

绝对值不等式	成立条件	绝对值不等式	成立条件
$|a+b|\leqslant|a|+|b|$	恒成立	$|a|-|b|\leqslant|a+b|$	恒成立
$|a+b|<|a|+|b|$	$ab<0$	$|a|-|b|<|a+b|$	$ab>0$
$|a+b|=|a|+|b|$	$ab\geqslant0$	$|a|-|b|=|a+b|$	$ab\leqslant0$ 且 $|a|\geqslant|b|$

注 ①绝对值不等式不需要全部背诵,事实上,将$|a|-|b|\leqslant|a+b|\leqslant|a|+|b|$中的$b$用$-b$替换,即可得到$|a|-|b|\leqslant|a-b|\leqslant|a|+|b|$.②几乎所有单一变量及部分多变量的绝对值不等式题目都可以用绝对值的几何意义思路快速解答.

模块三　习题自测

1. 方程 $4^{-|x-1|} - 4 \times 2^{-|x-1|} = a$ 有实根，则 a 的取值范围是(　　).

    A. $a \leqslant -3$ 或 $a \geqslant 0$　　　　B. $a \leqslant -3$ 或 $a > 0$　　　　C. $-3 \leqslant a < 0$

    D. $-3 \leqslant a \leqslant 0$　　　　　　E. 以上均不正确

2. (条件充分性判断) $|\log_a x| > 1$.

    $(1) x \in [2,4], \dfrac{1}{2} < a < 1.$　　　　$(2) x \in [4,6], 1 < a < 2.$

3. 关于 x 的方程 $(m-2)x^2 - (3m+6)x + 6m = 0$，若有两个异号根，且负根绝对值大于正根，则 m 的取值范围为(　　).

    A. $-2 < m < 2$　　　　　B. $0 < m < 2$　　　　　C. $-2 < m < 0$

    D. $-2 < m$　　　　　　E. $m > 2$

4. (条件充分性判断) 方程 $x^2 + (5-a)x + (a-2) = 0$ 有两个不相等的正实根.

    $(1) a > 3.$　　　　　　$(2) a < 5.$

5. 若方程 $x^2 - 2tx + t^2 - 1 = 0$ 的两个实根都在 -2 和 4 之间(不包含 -2 和 4)，则实数 t 的取值范围中包含(　　)个正整数.

    A. 0　　　　　B. 1　　　　　C. 2　　　　　D. 3　　　　　E. 无数

6. (条件充分性判断) 若关于 x 的二次方程 $2ax^2 - 2x - 3a + 5 = 0$ 的一个根大于 2，另一个根小于 2.

    $(1) a > -\dfrac{1}{5}.$　　　　$(2) a < 0.$

7. (条件充分性判断) 关于 x 的方程 $\dfrac{1}{x-2} + 3 = \dfrac{1-x}{2-x}$ 与 $\dfrac{x+1}{x-|a|} = 2 - \dfrac{3}{|a|-x}$ 有相同的增根.

    $(1) a = 2.$　　　　　$(2) a = -2.$

8. 不等式 $|x+2| + |x| > 4$ 的解集中包含(　　)个小于 10 的奇数.

    A. 3　　　　　B. 4　　　　　C. 5　　　　　D. 0　　　　　E. 无数

9. 不等式 $|x^2 - 5x + 12| > 6$ 的解集是(　　).

    A. $(-\infty, -1) \cup (2,3)$　　　B. $(2,3)$　　　　　C. $(-\infty, -1) \cup (6, +\infty)$

    D. $(6, +\infty)$　　　　　E. $(-\infty, -1) \cup (2,3)$

10. 已知 $x^2-5|x+1|+2x-5=0$，则 x 所有取值的和为（　）.

A. 2　　　　　　B. -2　　　　　C. 0　　　　　D. 1　　　　　E. -1

11. 已知关于 x 的方程 $x^2-6x+(a-2)|x-3|+9-2a=0$ 有两个不同的实数根，则系数 a 的取值范围是（　）.

A. $a>0$　　　　　　　　B. $a<0$　　　　　　　C. $a>0$ 或 $a=-2$

D. $a=-2$　　　　　　　E. 以上均不正确

12. 已知 $x,y>0$，且 $x+2y=5$，则 $\dfrac{1}{x}+\dfrac{8}{y}$ 的最小值为（　）.

A. 2　　　　　　B. 3　　　　　C. 4　　　　　D. 5　　　　　E. 6

13. 已知 $a>2,b>8$，且 $ab=8a+2b$，则 $a+b$ 的最小值为（　）.

A. 12　　　　　B. 10　　　　　C. 14　　　　　D. 16　　　　　E. 18

14. 已知 $|a|\neq|b|$，$m=\dfrac{|a|-|b|}{|a-b|}$，$n=\dfrac{|a|+|b|}{|a+b|}$，则 m,n 之间的大小关系为（　）.

A. $m>n$　　　　B. $m<n$　　　　C. $m=n$　　　　D. $m\leq n$　　　　E. 无法确定

答案速查

1-5：CDBEC　　　　6-10：CDEBB　　　　11-14：CDED

习题详解

1. 【答案】C

【解析】第一步:化同底. 本题中各指数的底数不同,需要先将其化为同底指数,即 $4^{-|x-1|}=(2^2)^{-|x-1|}=(2^{-|x-1|})^2$.

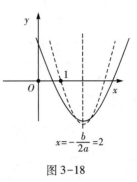

图 3-18

第二步:换元. 令 $2^{-|x-1|}=t$,由于 $-|x-1|\leqslant 0$,故 $0<t\leqslant 1$,此时题目转化为求 $t^2-4t-a=0$ 在 $(0,1]$ 内有实根. 由于 t^2-4t-a 的对称轴为 2,如图 3-18 所示,由抛物线图像可知它在 $(0,1]$ 内只可能有一个根,可知 $\begin{cases} f(0)>0 \\ f(1)\leqslant 0 \end{cases}$,即 $\begin{cases} -a>0 \\ -3-a\leqslant 0 \end{cases}$,解得 $-3\leqslant a<0$.

2. 【答案】D

【解析】根据绝对值性质有 $|\log_a x|>1\Leftrightarrow \log_a x>1$ 或 $\log_a x<-1$. 代入常用对数值 $\log_a a=1$,$\log_a \dfrac{1}{a}=-1$ 得题干结论成立要求 $\log_a x>\log_a a$ 或 $\log_a x<\log_a \dfrac{1}{a}$.

条件(1):由 $\dfrac{1}{2}<a<1$ 得对数函数单调递减,且 $1<\dfrac{1}{a}<2$. 又由 $x\in[2,4]$ 可知 $x>\dfrac{1}{a}$,故 $\log_a x<\log_a \dfrac{1}{a}$ 成立,故条件(1)充分.

条件(2):由 $1<a<2$ 得对数函数单调递增,又由 $x\in[4,6]$ 可知 $x>a$,故 $\log_a x>\log_a a$ 成立,条件(2)亦充分.

3. 【答案】B

【解析】本题符合仅给出根的正负性【标志词汇】二次方程 $ax^2+bx+c=0(a\neq 0)$ 有一正一负两个根 $\Leftrightarrow a$ 与 c 异号. 即 $6m(m-2)<0$,解得 $0<m<2$. 同时要求负根的绝对值大于正根,意味着抛物线对称轴小于零,即 $\dfrac{x_1+x_2}{2}=-\dfrac{b}{2a}=\dfrac{3m+6}{2(m-2)}<0$,解得 $-2<m<2$. 联立 $\begin{cases} 0<m<2 \\ -2<m<2 \end{cases}$,解得 m 的取值范围为 $0<m<2$.

4. 【答案】E

【解析】本题符合【标志词汇】二次方程 $ax^2+bx+c=0(a\neq 0)$ 有两个不相等的正根 $\Leftrightarrow \Delta>0$,a 与 c 同号,a 与 b 异号. 即 $\Delta=(5-a)^2-4(a-2)>0$,1 与 $a-2$ 同号,1 与 $5-a$ 异号,联立 $\begin{cases} \Delta=(5-a)^2-4(a-2)>0 \\ 5-a<0 \\ a-2>0 \end{cases}$,化简可得 $\begin{cases} a<3 \text{ 或 } a>11 \\ a>5 \\ a>2 \end{cases}$,取交集可得 $a>11$,故两条件都不充分,联合也不充分.

5. 【答案】C

【解析】设 $f(x)=x^2-2tx+t^2-1$,函数二次项系数 $a>0$,抛物线开口向上.

题目符合【标志词汇】二次方程 $ax^2+bx+c=0(a\neq 0)$ 两个根都在 (m,n) 范围中. 二次方

程 $x^2-2tx+t^2-1=0$ 两个实根都在 $(-2,4)$ 范围中,意味着:① $\Delta \geqslant 0$;②对称轴在 $(-2,4)$ 范围内,即 $-2<-\dfrac{-2t}{2}<4$;③由于抛物线开口向上,故有 $f(-2)>0$,$f(4)>0$.根据以上分析列不等式组得

$$
\begin{cases}
f(-2)=4+4t+t^2-1>0 \\
f(4)=16-8t+t^2-1>0 \\
-2<-\dfrac{-2t}{2}<4 \\
\Delta=(-2t)^2-4(t^2-1)\geqslant 0
\end{cases}
$$

,解得 $-1<t<3$,包含 1 和 2 两个正整数.

6. 【答案】C

【解析】题干符合【标志词汇 2】二次方程 $ax^2+bx+c=0(a\neq 0)$ 的一个根大于 m,一个根小于 m(或给出一个数 m 在两根之间)$\Leftrightarrow f(m)$ 和 a 异号,即 $af(m)<0$.

求二次方程的一个根大于 2,一个根小于 $2\Leftrightarrow f(2)$ 和二次项系数 $2a$ 异号,即 $2a(5a+1)<0$,因此 $-\dfrac{1}{5}<a<0$.所以,两条件单独均不充分,联合充分.

7. 【答案】D

【解析】分式方程有增根,意味着在解分式方程中求出了令分母为零的根.对于第一个分式方程分母为 0 时 x 的值为 2,即该方程若有增根,一定为 $x=2$.同理,第二个分式方程的增根为 $x=|a|$.两个方程有相同的增根,说明 $|a|=2$,即 $a=2$ 或 $a=-2$.故条件(1)和条件(2)均充分.

【技巧】题干分式方程中 a 仅在绝对值中出现,即仅有 $|a|$,同时两条件 a 的取值对称,$|2|=|-2|$,即条件(1)与条件(2)要么同时充分,要么同时均不充分,本题仅可能选 D 或 E.

8. 【答案】E

【解析】根据绝对值的几何意义,不等式 $|x+2|+|x|>4$ 表示数轴上 x 到 -2 和 0 两点的距离之和大于 4 的点.因数轴上点 1 右边的点及点 -3 左边的点到点 $-2,0$ 的距离之和均大于 4,所以原不等式的解集为 $\{x|x<-3$ 或 $x>1\}$.故包含无数个小于 10 的奇数.

【提示】奇偶性跟数字的正负无关,$-1,-3,-5$ 等都是奇数.

9. 【答案】B

【解析】绝对值内二次算式对应的方程为 $x^2-5x+12=0$,根的判别式 $\Delta=25-48=-23<0$,此时 $x^2-5x+12$ 恒为正,需要根据不等式的性质转化去掉绝对值,则有 $x^2-5x+12>6$,即 $x^2-5x+6>0 \Rightarrow 2<x<3$.

10. 【答案】B

【解析】原式整理为

$$x^2+2x+1-5|x+1|-6=0$$
$$|x+1|^2-5|x+1|-6=0$$

换元法,令 $|x+1|=t>0$,则 $t^2-5t-6=0$,得 $t=-1$(舍)或 6.

故 $|x+1|=6$,$x=-7$ 或 5,因此 x 所有取值的和为 -2.

11.【答案】C

【解析】利用 $x^2=|x|^2$，进行换元处理. 将 $|x-3|$ 看作整体凑配，$x^2-6x+(a-2)|x-3|+9-2a=0\Leftrightarrow|x-3|^2+(a-2)|x-3|-2a=0$. 令 $t=|x-3|$，代入得关于 t 的二次方程 $t^2+(a-2)t-2a=(t-2)(t+a)=0$. 故有根 $t_1=2=|x-3|$ 或 $t_2=-a=|x-3|$.

题干要求原方程有两个不同的实数根，由于 $2=|x-3|$ 中已可确定两不同实根 $x_1=5$，$x_2=1$，则 $|x-3|=-a$ 不能再解出不同实根，否则根的个数就会超过 2 个. 因此题干成立要求 $-a=|x-3|$ 无解或求出与 $2=|x-3|$ 相同的实根，即 $a>0$ 或 $a=-2$.

12.【答案】D

【解析】本题符合【标志词汇】对于带常数 1 的一次等式条件限制，用均值定理求最值，入手方向：乘 1 法/换 1 法. 乘 1 法：$\dfrac{1}{x}+\dfrac{8}{y}=\dfrac{1}{5}\times(x+2y)\left(\dfrac{1}{x}+\dfrac{8}{y}\right)=\dfrac{1}{5}\times\left[\dfrac{x+2y}{x}+\dfrac{8(x+2y)}{y}\right]=\dfrac{1}{5}\times\left(1+\dfrac{2y}{x}+\dfrac{8x}{y}+16\right)\geqslant\dfrac{1}{5}\times\left(17+2\sqrt{\dfrac{2y}{x}\cdot\dfrac{8x}{y}}\right)=\dfrac{1}{5}\times(17+2\times4)=\dfrac{1}{5}\times25=5$. 当且仅当 $\dfrac{2y}{x}=\dfrac{8x}{y}$，$2y^2=8x^2$，$y=2x$ 时等号成立，取到最小值 5. 可得 $\begin{cases}x+2y=5\\y=2x\end{cases}\Rightarrow\begin{cases}x=1\\y=2\end{cases}$.

13.【答案】E

【解析】此题符合【标志词汇】有二次不对称或不带常数的等式条件限制，用均值定理求最值，入手方向：消元法. 先消元，再用均值定理求最值. $ab=8a+2b\Rightarrow b(a-2)=8a\Rightarrow b=\dfrac{8a}{a-2}$，则 $a+b=a+\dfrac{8a}{a-2}=a+\dfrac{8a-16+16}{a-2}=a+8+\dfrac{16}{a-2}$（分式分离常数），式子符合【标志词汇】求几项之和的最小值，入手方向：凑配使它们的乘积为常数. $a+b=a+8+\dfrac{16}{a-2}=a-2+\dfrac{16}{a-2}+10\geqslant2\sqrt{(a-2)\cdot\dfrac{16}{a-2}}+10=18$，当且仅当 $a-2=\dfrac{16}{a-2}$，$(a-2)^2=16$，$a=6$ 时等号成立，此时 $b=\dfrac{8a}{a-2}=\dfrac{48}{4}=12$，$a+b=18$

14.【答案】D

【解析】**思路一**：由绝对值不等式 $|a|+|b|\geqslant|a+b|$ 可知，$n=\dfrac{|a|+|b|}{|a+b|}$ 的分子大于等于分母，故 $n\geqslant1$；同理由 $|a|-|b|\leqslant|a-b|$ 可知，$m=\dfrac{|a|-|b|}{|a-b|}$ 的分子小于等于分母，故 $m\leqslant1$. 联合可知 $m\leqslant1\leqslant n$.

　　思路二：特值法. 因为题干仅要求 $|a|\neq|b|$，同时 m,n 隐含分母不为零，故可以代入满足此要求的 a,b 特值来验证.

代入同号，$a=2$，$b=1$，$m=\dfrac{|2|-|1|}{|2-1|}=1$，$n=\dfrac{|2|+|1|}{|2+1|}=1$，即有 $m=n$；

代入异号，$a=2$，$b=-1$，$m=\dfrac{|2|-|-1|}{|2-(-1)|}=\dfrac{1}{3}$，$n=\dfrac{|2|+|-1|}{|2+(-1)|}=3$，即有 $m<n$. 故 $m\leqslant n$.

第四章　数　列

模块一　考点剖析

考点一　等差数列

（一）　裂项相消求和

1. 必备知识点

裂项相消为数列求和中一个重要的方法,常见的出题方式为【标志词汇】给定等差数列 $\{a_n\}$,求 $\sum \dfrac{1}{a_n a_{n+1}}$.此时需利用等差数列两项之差恒等于公差 d 的特性,将每一个分式裂项相消.

2. 典型例题

【例题1】在等差数列 $\{a_n\}$ 中,$a_2=4$,$a_4=8$. 若 $\displaystyle\sum_{k=1}^{n} \dfrac{1}{a_k a_{k+1}}=\dfrac{5}{21}$,则 $n=($ 　　$)$.

A. 16　　　　　B. 17　　　　　C. 19　　　　　D. 20　　　　　E. 21

【解析】已知 $a_2=4$,$a_4=8$,故公差 $d=\dfrac{a_4-a_2}{2}=2$,首项 $a_1=2$. 故裂项相消求和可得:

$$\sum_{k=1}^{n} \dfrac{1}{a_k a_{k+1}}=\dfrac{1}{a_1 a_2}+\dfrac{1}{a_2 a_3}+\cdots+\dfrac{1}{a_n a_{n+1}}=\dfrac{1}{a_2-a_1}\left[\left(\dfrac{1}{a_1}-\dfrac{1}{a_2}\right)+\left(\dfrac{1}{a_2}-\dfrac{1}{a_3}\right)+\cdots+\left(\dfrac{1}{a_{n-1}}-\dfrac{1}{a_n}\right)+\left(\dfrac{1}{a_n}-\dfrac{1}{a_{n+1}}\right)\right]=\dfrac{1}{d}$$

$$\left(\dfrac{1}{a_1}-\dfrac{1}{a_{n+1}}\right)=\dfrac{1}{d}\left(\dfrac{1}{a_1}-\dfrac{1}{a_1+nd}\right)=\dfrac{5}{21},代入\ d=2,a_1=2\ 得\ \dfrac{1}{2}\left(\dfrac{1}{2}-\dfrac{1}{2+2n}\right)=\dfrac{5}{21},解得\ n=20.$$

【答案】D

（二）　等差数列过零点的项

1. 必备知识点

本类题难度较大,主要在于考查 S_n 的取值范围限制,即当等差数列的首项和公差异号的时候,等差数列的前 n 项的和 S_n 有确定的最值. 因此需要考生对等差数列的形态特征有较深刻的理解. 常见的标志词汇及解题入手方向为:

【标志词汇1】给出数列相关信息,求 S_n 的最大值或最小值.

【标志词汇2】给出前 n 项和的最值条件,即 $S_n \geqslant S_C$ 或 $S_n \leqslant S_C$(C 为常数,S_C 代表数

列确定的某一项,取值为具体数字),求数列相关信息.

1)等差数列过零点的项

等差数列 S_n 最值判断:

(1)当 $a_1<0,d>0$,即数列为首项为负的递增数列时,随着项数 n 的增加,a_n 越来越大,S_n 有最小值,最小值为所有非正项之和.设其中 a_n 为数列过零点的项,且 $a_n>0$,那么前 n 项和有且仅有一个最小值 S_{n-1}.

(2)当 $a_1>0,d<0$,即数列为首项为正的递减数列时,随着项数 n 的增加,a_n 越来越小,S_n 有最大值,最大值为所有非负项之和.设其中 a_n 为数列过零点的项,且 $a_n<0$,那么前 n 项和有且仅有一个最大值 S_{n-1}.

注 当数列中开始变号的项为零,即过零点的项 $a_n=0$,则 $S_{n-1}=S_n$,数列有两个相等的最值.

2)S_n 有两个相等的最值

设数列 $\{a_n\}$ 为等差数列,$a_1<0,d>0$,数列递增,如果数列中 a_k 为过零点的项且 $a_k>0$,那么 S_n 有且仅有一个最小值,即 S_{k-1},它为数列 $\{a_n\}$ 中所有负项之和.

即:$S_1>S_2>S_3>\cdots>S_{k-2}>S_{k-1}$,$S_{k-1}<S_k<S_{k+1}<\cdots$,

而若 $a_k=0$,此时 $S_k=S_{k-1}+a_k=S_{k-1}$,则有:

$S_1>S_2>S_3>\cdots S_{k-2}>S_{k-1}=S_k$,$S_{k-1}=S_k<S_{k+1}<S_{k+2}<\cdots$,

即:此时前 n 项和有两个相等的最小值,分别为 S_k 和 S_{k-1}.

3)$S_n=\dfrac{d}{2}n^2+\left(a_1-\dfrac{d}{2}\right)n$ 的最值问题

等差数列前 n 项和公式为 $S_n=\dfrac{n(a_1+a_n)}{2}=na_1+\dfrac{n(n-1)}{2}d=\dfrac{d}{2}n^2+\left(a_1-\dfrac{d}{2}\right)n$;

对称轴是 $n=\dfrac{1}{2}-\dfrac{a_1}{d}$;

若 $S_a=S_b$,则对称轴是 $n=\dfrac{a+b}{2}$;若 $S_m=0$,则对称轴是 $n=\dfrac{m+0}{2}$.

若对称轴是 $n=4.5$,则等差数列的最值是 $S_4=S_5$.

2. 典型例题

【例题2】等差数列 $\{a_n\}$ 满足 $a_1=8$,且 $a_2+a_4=a_1$,则 $\{a_n\}$ 前 n 项和的最大值为( ).

A.16   B.17   C.18   D.19   E.20

【解析】$a_2+a_4=2a_1+4d=a_1$,代入 $a_1=8$ 得 $8+4d=0$,解得 $d=-2$.

本题符合【标志词汇1】给出数列的相关信息,求 S_n 的最大值或最小值.求使 S_n 达到最大值时的 n,即求数列过零点的项,即求从哪一项开始有 $a_n\leqslant0$.计算可知 $a_5=a_1+4d=0$,故数列中 a_1 至 a_4 均为正,a_6 及以后均为负,从第一项起,所有非负项之和为数列 $\{a_n\}$ 前 n 项和的最大值,即 $S_4=S_5=\dfrac{(8+0)\times5}{2}=20$.

【答案】E

【例题3】在等差数列 $\{a_n\}$ 中,S_n 表示前 n 项和,若 $a_1=13$,$S_3=S_{11}$,则 S_n 的最大值是( ).

A. 42   B. 49   C. 59   D. 133   E. 不存在

【解析】思路一：本题符合【标志词汇1】给出数列相关信息，求 S_n 的最大值或最小值. 根据题意得 $S_3 = 3a_2 = 3a_1 + 3d = S_{11} = 11a_6 = 11a_1 + 55d$，代入 $a_1 = 13$ 可得 $d = -2$.

求数列过零点的项，得 $a_7 = a_1 + 6d = 1$，$a_8 = a_1 + 7d = -1$，a_8 为数列过零点的项，S_n 的最大值为 $S_7 = \dfrac{(a_1 + a_7) \times 7}{2} = \dfrac{(13 + 1) \times 7}{2} = 49$，它是数列所有正项的和.

思路二：由 $S_3 = S_{11}$ 可得，$n = \dfrac{3 + 11}{2} = 7$ 是 S_n 的对称轴，故 $\dfrac{1}{2} - \dfrac{a_1}{d} = \dfrac{1}{2} - \dfrac{13}{d} = 7$，解得 $d = -2$.

所以 S_n 的最大值 $S_7 = \dfrac{d}{2}n^2 + \left(a_1 - \dfrac{d}{2}\right)n = \dfrac{d}{2} \times 7^2 + \left(a_1 - \dfrac{d}{2}\right) \times 7 = -49 + 14 \times 7 = 49$.

【答案】B

【例题4】（条件充分性判断）已知 $\{a_n\}$ 是公差大于零的等差数列，S_n 是 $\{a_n\}$ 的前 n 项和，则 $S_n \geqslant S_{10}$，$n = 1, 2, \cdots$.

(1) $a_{10} = 0$.   (2) $a_{11}a_{10} < 0$.

【解析】本题符合【标志词汇1】给出数列相关信息，求 S_n 的最大值或最小值.

已知 $d > 0$，数列递增. 条件(1)：$a_{10} = 0$，即 a_{10} 是数列过零点的项，有 $a_1 < a_2 < \cdots < a_9 < a_{10} = 0 < a_{11}$，故 $S_n \geqslant S_{10}(S_9 = S_{10})$，故条件(1)充分.

条件(2)：$d > 0$，$a_{11}a_{10} < 0$，说明数列递增，且一定有 $a_{10} < 0$，$a_{11} > 0$，故 a_{11} 是数列过零点的项，故 $S_n > S_{10}$，故条件(2)亦充分.

【答案】D

【例题5】（条件充分性判断）等差数列 $\{a_n\}$ 中，S_n 是前 n 项之和，则 $a_5 < 0$，$a_6 > 0$.

(1) $S_n \geqslant S_5$.   (2) $a_n \neq 0$.

【解析】本题符合【标志词汇2】给出前 n 项和的最值条件，求数列相关信息.

条件(1)：$S_n \geqslant S_5$，此时有两种可能情况：

情况①：a_6 是过零点的项且 $a_6 \neq 0$，则 $S_6 > S_5$，$S_n > S_5$，此时数列 $a_1 < 0$，$d > 0$ 递增，故有 $a_5 < 0$，$a_6 > 0$.

情况②：a_6 是过零点的项且 $a_6 = 0$，则 $S_n > S_5 = S_6$，数列前 n 项和 S_n 有两个相等的最小值，此时数列 $a_1 < 0$，$d > 0$ 递增，有 $a_5 < 0$，$a_6 = 0$.

故条件(1)单独不充分，联合条件(2)$a_n \neq 0$ 可知，只有情况①成立，故联合充分.

【答案】C

（三）等差数列片段和

1. 必备知识点

【标志词汇】题目中出现形如 S_3，S_6，S_9 或 S_5，S_{10}，S_{15} 等落在等差数列等长度片段节点的一组前 n 项和具体值时，往往考虑使用片段和定理，即：

等差数列片段和定理　如果 $a_1, a_2, a_3, \cdots, a_n$ 为等差数列，那么这个数列连续的 n 项之和也是等差数列，即 S_n，$S_{2n} - S_n$，$S_{3n} - S_{2n}$，$\cdots$ 也是等差数列，并且这个新等差数列的公差为 $n^2 d$（n 代表片段长度）.

【举例】设 $\{a_n\}$ 为等差数列，前 n 项和为 S_n，则有：

$S_3 = a_1 + a_2 + a_3$；

$S_6 - S_3 = a_4 + a_5 + a_6 = (a_1 + a_2 + a_3) + 3 \times 3d = S_3 + 3 \times 3d$；

$S_9 - S_6 = a_7 + a_8 + a_9 = (a_4 + a_5 + a_6) + 3 \times 3d$.

…

它们为数列 $\{a_n\}$ 等长度片段，片段长度为 3，组成了公差为 $3^2 d = 9d$ 的新的等差数列.

类似地，S_4，$S_8 - S_4$ 和 $S_{12} - S_8$，…片段长度为 4，组成了公差为 $4^2 d = 16d$ 的新的等差数列，以此类推.

注 S_n，$S_{2n} - S_n$ 和 $S_{3n} - S_{2n}$ 成等差数列，而非 S_n，S_{2n}，S_{3n} 成等差数列.

2. 典型例题

【例题 6】等差数列 $\{a_n\}$ 的前 n 项和为 S_n，已知 $S_3 = 3$，$S_6 = 24$，则此等差数列的公差 d 等于（   ）.

A. 3　　　　　B. 2　　　　　C. 1　　　　　D. $\frac{1}{2}$　　　　　E. $\frac{1}{3}$

【解析】根据片段和定理，等差数列 $\{a_n\}$ 连续三项之和成等差数列，片段长度 $n = 3$. 即 S_3，$S_6 - S_3$，$S_9 - S_6$，…构成等差数列，公差为 $3^2 d = 9d$. 故有 $(S_6 - S_3) - S_3 = 3^2 d = 9d = (24 - 3) - 3 = 18$，$d = 2$.

【答案】B

【例题 7】在等差数列 $\{a_n\}$ 中，已知 $S_4 = 1$，$S_8 = 4$，设 $S = a_{17} + a_{18} + a_{19} + a_{20}$，则 S 的值、数列 $\{a_n\}$ 的公差和 a_3 分别为（   ）.

A. $3, \frac{1}{8}, \frac{9}{16}$　　　B. $9, \frac{1}{8}, \frac{5}{16}$　　　C. $9, \frac{1}{4}, \frac{9}{8}$　　　D. $8, \frac{1}{9}, \frac{15}{16}$　　　E. $8, \frac{1}{8}, \frac{1}{2}$

【解析】(1) 根据片段和定理，等差数列 $\{a_n\}$ 连续四项之和成等差数列，即 S_4，$S_8 - S_4$，$S_{12} - S_8$，$S_{16} - S_{12}$，$S_{20} - S_{16}$，…成等差数列，片段长度 $n = 4$. 该片段和组成的新等差数列首项为 $S_4 = 1$，第二项 $S_8 - S_4 = 3$，故公差为 2. $S = a_{17} + a_{18} + a_{19} + a_{20} = S_{20} - S_{16}$，是该等差数列的第 5 项，故 $S = 1 + 2 \times (5 - 1) = 9$.

(2) 片段和等差数列的公差为 $n^2 d = 16d = 2$，故原数列 $d = \frac{1}{8}$.

(3) $S_4 = 4a_1 + 6d = 1$，代入 $d = \frac{1}{8}$ 得 $a_1 = \frac{1}{16}$，故 $a_3 = a_1 + 2d = \frac{5}{16}$.

【答案】B

考点二　等比数列

（一）　等比数列片段和

1. 必备知识点

当题目中出现【标志词汇】形如 S_3,S_6,S_9 或 S_5,S_{10},S_{15} 等落在等比数列等长度片段节点的一组前 n 项和具体值时,往往考虑使用等比数列片段和定理.

等比数列片段和定理　如果 $a_1,a_2,a_3,\cdots,a_n$ 构成等比数列 $\{a_n\}$,那么若这个数列连续的 n 项之和非零,则 $S_n,S_{2n}-S_n,S_{3n}-S_{2n},\cdots$ 也是等比数列,并且公比为 q^n(n 代表片段长度).

注　$S_n,S_{2n}-S_n$ 和 $S_{3n}-S_{2n},\cdots$ 成等比数列,而非 $S_n,S_{2n},S_{3n},\cdots$ 成等比数列.

2. 典型例题

【例题1】设等比数列 $\{a_n\}$ 的前 n 项和为 S_n,若 $S_6=3S_3$,则 $S_9=(\quad)S_3$.

A. 3　　　　B. 5　　　　C. 7　　　　D. 1　　　　E. 6

【解析】由前 n 项和定义可知 $S_3=a_1+a_2+a_3$,且有 $S_3=a_1(1+q+q^2)\neq0$,则:

$S_6-S_3=a_4+a_5+a_6=a_1q^3+a_2q^3+a_3q^3=(a_1+a_2+a_3)q^3=S_3q^3$,　　　　(1)

$S_9-S_6=a_7+a_8+a_9=a_1q^6+a_2q^6+a_3q^6=(a_1+a_2+a_3)q^6=S_3q^6=(S_6-S_3)q^3$,　　(2)

即 S_3,S_6-S_3,S_9-S_6 成等比数列,$S_6=3S_3=(1+q^3)S_3$,两边约去 S_3 可得此片段和等比数列公比为 $q'=q^3=2$.

式(1)+式(2)可得 $S_9-S_3=(S_6-S_3)q^3+S_3q^3=S_6q^3=3S_3q^3=6S_3$,$S_9=7S_3$.

【答案】C

（二）　等比数列结合等差数列

1. 必备知识点

等比数列与等差数列相结合的考查方式在联考中经常出现,主要考查两种数列求和公式的熟练运用,一般属于简单题.

2. 典型例题

【例题2】$\dfrac{\frac{1}{2}+\left(\frac{1}{2}\right)^2+\left(\frac{1}{2}\right)^3+\cdots+\left(\frac{1}{2}\right)^8}{0.1+0.2+0.3+0.4+\cdots+0.9}=(\quad)$.

A. $\dfrac{85}{768}$　　　　B. $\dfrac{85}{512}$　　　　C. $\dfrac{85}{384}$

D. $\dfrac{255}{256}$　　　　E. 以上结论都不正确

【解析】观察可知:分子符合首项为 $\dfrac{1}{2}$,公比为 $\dfrac{1}{2}$ 的等比数列;分母符合首项为 0.1,公差为 0.1 的等差数列.

分子的值为等比数列前 8 项的和:$S_{分子}=\dfrac{\frac{1}{2}\left[1-\left(\frac{1}{2}\right)^8\right]}{1-\frac{1}{2}}=1-\left(\frac{1}{2}\right)^8=\dfrac{255}{256}$.

分母的值为等差数列前 9 项的和：$S_{分母}=\dfrac{0.1+0.9}{2}\times 9=\dfrac{9}{2}$.

可得所求式的值为：$\dfrac{\dfrac{255}{256}}{\dfrac{9}{2}}=\dfrac{2\times 255}{256\times 9}=\dfrac{85}{384}$.

【答案】C

【例题3】已知等差数列 $\{a_n\}$ 的公差不为 0，同时第 3、4、7 项构成等比数列，则 $\dfrac{a_2+a_6}{a_3+a_7}$ 为（   ）.

A. $\dfrac{3}{5}$ B. $\dfrac{2}{3}$ C. $\dfrac{3}{4}$ D. $\dfrac{4}{5}$ E. $\dfrac{5}{6}$

【解析】设 $\{a_n\}$ 是公差为 d 的等差数列，则 $a_3=a_4-d$，$a_7=a_4+3d$. 由 a_3,a_4,a_7 这三项成等比数列可得 $a_3a_7=a_4^2$. 将 a_3 和 a_7 用关于 a_4 的表达式替换代入得 $a_4^2=a_3a_7=(a_4-d)(a_4+3d)=a_4^2+2a_4d-3d^2$，解得 $a_4=1.5d$，所以 $a_5=a_4+d=2.5d$.

故 $\dfrac{a_2+a_6}{a_3+a_7}=\dfrac{2a_4}{2a_5}=\dfrac{2\times 1.5d}{2\times 2.5d}=\dfrac{3d}{5d}=\dfrac{3}{5}$.

【答案】A

考点三 一般数列

（一）已知 S_n 求 a_n

1. 必备知识点

本类题目并不限制数列一定为等差或等比数列，题目中仅给出【标志词汇】前 n 项和 S_n 的表达式，要求通项 a_n 的表达式. 我们需要利用数列的基本性质进行求解，即：

对于任何数列，均有 $a_n=\begin{cases}a_1=S_1, & n=1\\ S_n-S_{n-1}, & n\geq 2\end{cases}$

2. 典型例题

【例题1】数列 $\{a_n\}$ 的前 n 项和是 $S_n=4n^2+n-2$，则它的通项 a_n 是（   ）.

A. $8n-3$ B. $4n+1$ C. $8n-2$

D. $8n-5$ E. $a_n=\begin{cases}3, & n=1\\ 8n-3, & n\geq 2\end{cases}$

【解析】已知 $S_n=4n^2+n-2$，当 $n=1$ 时，$a_1=S_1=3$；当 $n\geq 2$ 时，$a_n=S_n-S_{n-1}=(4n^2+n-2)-[4(n-1)^2+(n-1)-2]=8n-3$.

【陷阱】对于已知 S_n 求 a_n 的题目，只有当 a_1 恰符合 $a_n(n\geq 2)$ 的表达式时，才可以合并表达. 对于本题，在 $a_n=8n-3(n\geq 2)$ 中代入 $n=1$ 得 $a_1=8-3=5$，而已求得 $a_1=3$，故两表达式无法合并，因此选 E 而非 A.

【答案】E

【例题2】数列 $\{a_n\}$ 的前 n 项和 $S_n=4n^2+n$，则下面正确的是（   ）.

A. $\{a_n\}$ 是等差数列　　　　B. $a_n = 2$　　　　　　C. $a_n = 2n + 3$

D. $S_{10} = 411$　　　　　　E. 以上均不正确

【解析】**思路一**：标准解法.

已知 $S_n = 4n^2 + n$，当 $n = 1$ 时，$a_1 = S_1 = 5$；$n \geq 2$ 时，$a_n = S_n - S_{n-1} = (4n^2 + n) - [4(n-1)^2 + (n-1)] = 8n - 3$. 验证得 $n = 1$ 时亦符合此通项公式，故 $\{a_n\}$ 的通项公式为 $8n - 3$，是公差为 8 的等差数列.

思路二：代入验证法.

已知 $S_n = 4n^2 + n$，取 $n = 1, 2, 3, \cdots$ 分别代入并观察得：

$a_1 = S_1 = 4 + 1 = 5$，

$a_2 = S_2 - S_1 = 4 \times 2^2 + 2 - 4 \times 1^2 - 1 = 13$，

$a_3 = S_3 - S_2 = 4 \times 3^2 + 3 - 4 \times 2^2 - 2 = 21$，

$a_4 = S_4 - S_3 = 4 \times 4^2 + 4 - 4 \times 3^2 - 3 = 29$，

观察可知 $\{a_n\}$ 是首项为 5，公差为 8 的等差数列.

思路三：利用数列前 n 项和表达式特征判断.

当 S_n 为关于项数 n 的表达式为 $An^2 + Bn$（无常数项）的形式时，$\{a_n\}$ 是等差数列. $4n^2 + n$ 符合此形式，故数列为等差数列.

【答案】A

（二）　a_n 与 a_{n+1} 或 a_{n-1} 的递推公式

1. 必备知识点

对于数列 $\{a_n\}$，某些题目仅给出【标志词汇】a_n 与 a_{n+1} 或 a_{n-1} 的关系式，求数列相关信息. 这些 a_n 与 a_{n+1} 或 a_{n-1} 的关系式称为递推公式，一般通过递推公式找到前几个元素数值的变化规律来判断后面元素的数值，即把 $n = 1, 2, 3, \cdots$ 的前几项代入公式并计算出每一项的具体数字，然后寻找数字的规律.

2. 典型例题

【例题 3】（条件充分性判断）$x_n = 1 - \dfrac{1}{2^n} (n = 1, 2, \cdots)$.

(1) $x_1 = \dfrac{1}{2}$，$x_{n+1} = \dfrac{1}{2}(1 - x_n) (n = 1, 2, \cdots)$.

(2) $x_1 = \dfrac{1}{2}$，$x_{n+1} = \dfrac{1}{2}(1 + x_n) (n = 1, 2, \cdots)$.

【解析】**思路一**：代入验证法.

题目所求的结论为 $x_n = 1 - \dfrac{1}{2^n}$，要想符合结论的通项公式，需要满足 $x_1 = 1 - \dfrac{1}{2^1} = \dfrac{1}{2}$，$x_2 = 1 - \dfrac{1}{2^2} = \dfrac{3}{4}$，$x_3 = 1 - \dfrac{1}{2^3} = \dfrac{7}{8}$，$x_4 = 1 - \dfrac{1}{2^4} = \dfrac{15}{16}$，$\cdots$

条件 (1)：$x_1 = \dfrac{1}{2}$，$x_2 = \dfrac{1}{2}(1 - x_1) = \dfrac{1}{4}$，已经不符合要求，故条件 (1) 不充分.

条件 (2)：$x_1 = \dfrac{1}{2}$，$x_2 = \dfrac{1}{2}(1 + x_1) = \dfrac{3}{4}$，$x_3 = \dfrac{1}{2}(1 + x_2) = \dfrac{7}{8}$，$x_4 = \dfrac{1}{2}(1 + x_3) = \dfrac{15}{16}$. 全部符合

题干要求,故条件(2)极有可能充分,故考试时可直接选 B.

注 代入验证法虽然并不是十分的严谨,但是简单快速有效,是考场上解决此类问题的推荐解题方法.

思路二:由递推公式寻找规律.

题目所求的结论为 $x_n=1-\dfrac{1}{2^n}$,可以看出,随着 n 的增大,$\dfrac{1}{2^n}$ 越来越小,$x_n=1-\dfrac{1}{2^n}$ 是一个随着 n 增大数值也增大的递增数列.

条件(1):$x_1=\dfrac{1}{2}$,$x_2=\dfrac{1}{2}(1-x_1)=\dfrac{1}{4}$,$x_2<x_1$,不符合递增要求,故条件(1)不充分.

条件(2):$x_{n+1}=\dfrac{1}{2}(1+x_n)=\dfrac{1}{2}+\dfrac{1}{2}x_n$,故 $x_{n+1}-1=\dfrac{1}{2}(x_n-1)$,$\dfrac{x_{n+1}-1}{x_n-1}=\dfrac{1}{2}$. 根据等比数列定义可知,$\{x_n-1\}$ 为公比为 $\dfrac{1}{2}$ 的等比数列,首项 $x_1-1=\dfrac{1}{2}-1=-\dfrac{1}{2}$. 由等比数列通项公式可知 $x_n-1=-\dfrac{1}{2}\times\left(\dfrac{1}{2}\right)^{n-1}=-\dfrac{1}{2^n}$,故 $x_n=1-\dfrac{1}{2^n}$,故条件(2)充分.

【答案】B

> 一个首项为 a_1,后面各项由递推公式 $a_{n+1}=qa_n+d$(其中 q 和 d 为常数,$n\geqslant2$)确定的数列,当 $d=0$ 时 $a_{n+1}=qa_n$ 为等比数列,当 $q=1$ 时 $a_{n+1}=a_n+d$ 为等差数列,故满足这种递推公式的数列被称为等比差数列(如本题两条件中所描述的数列).
>
> 对于等比差数列,通用的处理方式为在递推公式两端同加常数 $c=\dfrac{d}{q-1}$,则有 $a_{n+1}+\dfrac{d}{q-1}=qa_n+d+\dfrac{d}{q-1}=q\left(a_n+\dfrac{d}{q-1}\right)$,故可得到公比为 q 的等比数列 $\left\{a_n+\dfrac{d}{q-1}\right\}$.
>
> 例如,对于本题条件(1)中等比差数列递推公式 $x_{n+1}=\dfrac{1}{2}(1-x_n)=-\dfrac{1}{2}x_n+\dfrac{1}{2}$,等式两边同加 $\dfrac{\frac{1}{2}}{-\frac{1}{2}-1}=-\dfrac{1}{3}$ 可得 $x_{n+1}-\dfrac{1}{3}=-\dfrac{1}{2}\left(x_n-\dfrac{1}{3}\right)$,得到首项为 $\dfrac{1}{2}-\dfrac{1}{3}=\dfrac{1}{6}$,公比为 $-\dfrac{1}{2}$ 的等比数列 $\left\{x_n-\dfrac{1}{3}\right\}$,故 $x_n-\dfrac{1}{3}=\dfrac{1}{6}\times\left(-\dfrac{1}{2}\right)^{n-1}$,$x_n=\dfrac{1}{3}+\dfrac{1}{6}\times\left(-\dfrac{1}{2}\right)^{n-1}$.

(三) 周期数列求和

1. 必备知识点

对于数列 $\{A_n\}$,如果存在一个常数 T,对于任意整数 n,使得对任意的正整数恒有 $A_n=A_{n+T}$ 成立,则称数列 $\{A_n\}$ 是从第 n 项起的周期为 T 的周期数列. 若 $n=1$,则称数列为纯周期数列;若 $n\geqslant2$,则称数列 $\{A_n\}$ 为混周期数列,T 的最小值称为最小正周期,简称周期.

周期数列是无穷数列,其值域是有限集.

2.典型例题

【例题4】已知数列 $\{a_n\}$ 满足 $a_1=1$，$a_2=2$ 且 $a_{n+2}=a_{n+1}-a_n(n=1,2,3,\ldots)$，则 $a_{100}=$（   ）.

A. 1   B. -1   C. 2   D. -2   E. 0

【解析】本题采用穷举法. 已知 $a_1=1$，$a_2=2$，递推公式 $a_{n+2}=a_{n+1}-a_n$ 中分别代入 $n=1$，$2,3,\cdots$，可得 $a_3=a_2-a_1=1$，$a_4=-1$，$a_5=-2$，$a_6=-1$，$a_7=1$，$a_8=2$，$a_9=1$，$a_{10}=-1$，$a_{11}=-2$，$a_{12}=-1$. 观察可知，此数列为周期为 6 的周期数列，每一个周期均为 $1,2,1,-1,-2,-1$，$100=16\times6+4$，意味着 a_{100} 是第 17 个周期中的第四个数，故 $a_{100}=-1$.

【答案】B

【例题5】已设数列 $\{a_n\}$ 满足 $a_1=2$，$a_{n+1}=1-\dfrac{1}{a_n}$，记数列的前 n 项之积为 P_n，则 $P_{2023}=$（   ）.

A. 2^{2023} B. -2   C. -1   D. 1   E. 2

【解析】由 $a_1=2$，$a_{n+1}=1-\dfrac{1}{a_n}$，可得 $a_2=\dfrac{1}{2}$，$a_3=-1$，$a_4=2$，$a_5=\dfrac{1}{2}$，$a_6=-1$，$\cdots$，故 $\{a_n\}$ 是以 3 为周期的周期数列，从而 $P_3=-1$，$2023=3\times674+1$，$P_{2023}=(-1)^{674}\times P_1=2$.

【答案】E

（四） 累加法、累乘法、错位相减法的求和

1.必备知识点

1）累加法

对递推式为 $a_{n+1}=a_n+f(n)$ 型的数列，我们可以根据递推公式，写出 n 取 $1-n$ 时的所有递推关系式，然后将它们分别相加即可得到通项公式.

形如 $a_{n+1}=a_n+f(n)$ 型的递推数列（其中 $f(n)$ 是关于 n 的函数）可构造：

$$\begin{cases} a_n-a_{n-1}=f(n-1) \\ a_{n-1}-a_{n-2}=f(n-2) \\ \cdots\cdots \\ a_2-a_1=f(1) \end{cases}$$

将上述 $n-1$ 个式子等号两边分别相加，可得 $a_n=f(n-1)+f(n-2)+\cdots\cdots+f(2)+f(1)+a_1(n\geq2)$，如例题6、例题7.

2）累乘法

累乘法是运用逐级相乘，消去数列一些项的方法来进行数列通项公式的求解.

形如 $a_{n+1}=a_n\cdot f(n)\left(\dfrac{a_{n+1}}{a_n}=f(n)\right)$ 型的递推数列（其中 $f(n)$ 是关于 n 的函数）可构造：

$$\begin{cases} \dfrac{a_n}{a_{n-1}}=f(n-1) \\[2mm] \dfrac{a_{n-1}}{a_{n-2}}=f(n-2) \\[2mm] \cdots\cdots \\[2mm] \dfrac{a_2}{a_1}=f(1) \end{cases}$$

将上述 $n-1$ 个式子等号两边分别相乘,可得 $a_n=f(n-1)\cdot f(n-2)\cdots f(2)\cdot f(1)\cdot a_1(n\geq2)$,如例题8.

3)错位相减法

错位相减法应用于等差数列与等比数列相乘的形式,如 $a_n=b_nc_n$,其中 $\{b_n\}$ 为等差数列,$\{c_n\}$ 为等比数列;分别列出 S_n,再把所有式子同时乘以等比数列的公比,即 $q\cdot S_n$,构造一个新数列,然后错一位,两式相减即可,如例题9.

遇到含有 q^n 的式子,用错位相减法求和.

2. 典型例题

【例题6】已知数列 $\{a_n\}$ 中 $a_1=2$,$a_{n+1}=a_n+n+2$,则 $a_n=$( ).

A. $\dfrac{n(n+1)}{2}$ B. $\dfrac{n(n+2)}{2}$ C. $\dfrac{n(n+3)}{2}$ D. $n(n+2)$ E. $n(n+3)$

【解析】由已知得,$a_{n+1}-a_n=n+2$,于是有:
$$a_1=2$$
$$a_2-a_1=1+2=3$$
$$a_3-a_2=2+2=4$$
$$\cdots$$
$$a_{n-2}-a_{n-3}=(n-3)+2=n-1$$
$$a_{n-1}-a_{n-2}=(n-2)+2=n$$
$$a_n-a_{n-1}=(n-1)+2=n+1$$

将以上各项相加得 $a_1+(a_2-a_1)+(a_3-a_2)+\cdots+(a_{n-1}-a_{n-2})+(a_n-a_{n-1})=a_n=2+3+4+\cdots+(n-1)+n+(n+1)=\dfrac{n(2+n+1)}{2}=\dfrac{n(n+3)}{2}$.

经检验,当 $n=1$ 时也符合该式子,所以 $a_n=\dfrac{n(n+3)}{2}$.

【答案】C

【例题7】设数列 $\{a_n\}$ 满足 $a_1=1$,$a_{n+1}=a_n+\dfrac{n}{3}(n\geq1)$,则 $a_{100}=$( ).

A. 1650   B. 1651   C. $\dfrac{5050}{3}$ D. 3300   E. 3301

【解析】**思路一**:代入 $n=1,2,3\cdots$ 寻找规律.

$a_1=1$,由 $a_{n+1}=a_n+\dfrac{n}{3}(n\geq1)$ 可知 a_2 比 a_1 增加了 $\dfrac{1}{3}$,即 $a_2=1+\dfrac{1}{3}$;

同理:a_3 比 a_2 增加了 $\dfrac{2}{3}$,即 $a_3=1+\dfrac{1}{3}+\dfrac{2}{3}$;$a_4$ 比 a_3 增加了 $\dfrac{3}{3}$,$a_4=1+\dfrac{1}{3}+\dfrac{2}{3}+\dfrac{3}{3}$;依此类推.

可以看出规律:第 n 项比第 $n-1$ 项增加了 $\dfrac{n-1}{3}$,故可得 $a_n=1+\dfrac{1}{3}+\dfrac{2}{3}+\cdots+\dfrac{n-1}{3}$.

$a_{100}=1+\dfrac{1}{3}+\dfrac{2}{3}+\dfrac{3}{3}+\cdots+\dfrac{98}{3}+\dfrac{99}{3}=1+\dfrac{1+2+3+\cdots+99}{3}=1+\dfrac{(1+99)\times99}{2\times3}=1651$.

思路二:由递推公式寻找规律.

由 $a_{n+1}=a_n+\dfrac{n}{3}$ 可得 $a_{n+1}-a_n=\dfrac{n}{3}$. 即依次有：$a_2-a_1=\dfrac{1}{3}$，$a_3-a_2=\dfrac{2}{3}$，$\cdots$，$a_{99}-a_{98}=\dfrac{98}{3}$，

$a_{100}-a_{99}=\dfrac{99}{3}$.

全部相加可得 $(a_2-a_1)+(a_3-a_2)+\cdots+(a_{99}-a_{98})+(a_{100}-a_{99})=a_{100}-a_1=\dfrac{1+2+\cdots+99}{3}=$

$\dfrac{(1+99)\times99}{2\times3}=1650$，故 $a_{100}=1650+a_1=1651$.

【答案】B

【例题8】已知数列 $\{a_n\}$ 中 $a_1=3$，$(n+1)a_{n-1}=na_n(n\geq2)$，则 $a_n=($ $)$.

A. $3(n+1)$ B. $3n$ C. $\dfrac{3(n+1)}{2}$ D. $\dfrac{n+1}{2}$ E. $\dfrac{3n+1}{2}$

【解析】**思路一：累乘法.**

因为 $(n+1)a_{n-1}=na_n(n\geq2)$，所以 $\dfrac{a_n}{a_{n-1}}=\dfrac{n+1}{n}$，则 $\dfrac{a_2}{a_1}=\dfrac{3}{2}$，$\dfrac{a_3}{a_2}=\dfrac{4}{3}$，$\cdots\dfrac{a_n}{a_{n-1}}=\dfrac{n+1}{n}$，将以上

各式相乘，可得 $\dfrac{a_2}{a_1}\cdot\dfrac{a_3}{a_2}\cdot\cdots\cdot\dfrac{a_n}{a_{n-1}}=\dfrac{3}{2}\cdot\dfrac{4}{3}\cdot\cdots\cdot\dfrac{n+1}{n}$，即 $\dfrac{a_n}{a_1}=\dfrac{n+1}{2}$，$a_n=\dfrac{3(n+1)}{2}$.

经检验，当 $n=1$ 时也符合该式子，所以 $a_n=\dfrac{3(n+1)}{2}$.

思路二：代入验证法.

依次代入 $n=1,2,3\cdots$寻找规律，验证选项或结论.

$n=1$ 时，$a_1=3$；将 $n=1$ 代入各选项，仅B、C选项满足.

$n=2$ 时，$3a_1=2a_2\Rightarrow2a_2=9\Rightarrow a_2=\dfrac{9}{2}$；将 $n=2$ 代入B、C选项，仅C满足.

【答案】C

【例题9】求数列 $\{(1-2n)2^n\}$ 的前 n 项和 S_n.

【解析】$\{1-2n\}$ 是等差数列，$\{2^n\}$ 是等比数列，求 $\{(1-2n)2^n\}$ 的前 n 项和，可采用错位相减法.

$S_n=(-1)\times2+(-3)\times2^2+(-5)\times2^3+\cdots+(1-2n)\times2^n$，   (1)

$2S_n=(-1)\times2^2+(-3)\times2^3+\cdots+(3-2n)\times2^n+(1-2n)\times2^{n+1}$，   (2)

由式(2) $-$ 式(1)得

$S_n=(1-2n)\times2^{n+1}+2\times(2^2+2^3+\cdots+2^n)+2$

$=(1-2n)\times2^{n+1}+2\times\dfrac{2^2\times(1-2^{n-1})}{1-2}+2$

$=(3-2n)\times2^{n+1}-6$

【答案】$(3-2n)\times2^{n+1}-6$

模块二 常见标志词汇及解题入手方向

在联考题目中,常出现固定的标志词汇,对这类题有相应固定的解题入手方向,现总结如下:

标志词汇 一 等差数列裂项相消

【标志词汇】给定等差数列 $\{a_n\}$,求 $\sum \dfrac{1}{a_n a_{n+1}}$,分母为数列依次相邻两项之积.

解题入手方向:利用等差数列两项之差恒等于公差 d 的特性,将每一个分式裂项相消.

标志词汇 二 等差数列过零点的项

需要用等差数列过零点的项相关知识求解的题目常具有如下标志词汇:

【标志词汇1】给出数列相关信息,求 S_n 的最大值或最小值.

【标志词汇2】给出前 n 项和的最值条件,即 $S_n \geqslant S_C$ 或 $S_n \leqslant S_C$(C 为常数,S_C 代表数列确定的某一项,取值为具体数字),求数列相关信息. 解题入手方向为寻找等差数列过零点的项,即对于等差数列 $\{a_n\}$ 有:

(1)当 $a_1<0,d>0$,即数列为递增数列时,随着项数 n 的增加,a_n 越来越大,S_n 有最小值,最小值为所有非正项之和. 设其中 a_n 为数列过零点的项,且 $a_n>0$,那么前 n 项和有且仅有一个最小值 S_{n-1}.

(2)当 $a_1>0,d<0$,即数列为递减数列时,随着项数 n 的增加,a_n 越来越小,S_n 有最大值,最大值为所有非负项之和. 设其中 a_n 为数列过零点的项,且 $a_n<0$,那么前 n 项和有且仅有一个最大值 S_{n-1}.

注 若过零点的项 $a_n=0$,则 $S_{n-1}=S_n$,数列有两个相等的最值.

标志词汇 三 等差数列片段和

【标志词汇】题目中出现形如 S_3,S_6,S_9 或 S_5,S_{10},S_{15} 等落在等差数列等长度片段节点的一组前 n 项和具体值. 入手方向为凑配使用等差数列片段和定理,即:

如果 $a_1,a_2,a_3,\cdots,a_n$ 构成等差数列 $\{a_n\}$,那么这个数列连续的 n 项之和也是等差数列,即 S_n,$S_{2n}-S_n$,$S_{3n}-S_{2n}\cdots$ 也是等差数列,并且这个新等差数列的公差为 $n^2 d$.(n 代表片段长度)

注 是 S_n,$S_{2n}-S_n$ 和 $S_{3n}-S_{2n}$ 成等差数列,而非 S_n,S_{2n},S_{3n} 成等差数列.

标志词汇 四 等比数列片段和

【标志词汇】形如 S_3,S_6,S_9 或 S_5,S_{10},S_{15} 等落在等比数列等长度片段节点的一组前 n 项和具体值. 入手方向为凑配使用等比数列片段和定理,即:

如果 $a_1,a_2,a_3,\cdots,a_n$ 构成等比数列 $\{a_n\}$,那么若这个数列连续的 n 项之和非零,则 $S_n,S_{2n}-S_n,\ S_{3n}-S_{2n},\cdots$ 也是等比数列,并且公比为 q^n.(n 代表片段长度).

注 是 $S_n,S_{2n}-S_n$ 和 $S_{3n}-S_{2n},\cdots$ 成等比数列,而非 $S_n,S_{2n},S_{3n},\cdots$ 成等比数列.

标志词汇 五 一般数列已知 S_n 求 a_n

【标志词汇】题目给定某一般数列前 n 项和 S_n 的表达式,要求通项 a_n 的表达式.

解题入手方向:利用数列的通用算式:$a_n = \begin{cases} a_1 = S_1, n=1 \\ S_n - S_{n-1}, n \geqslant 2 \end{cases}$.

标志词汇 六 a_n 与 a_{n+1} 或 a_{n-1} 的递推关系式

【标志词汇】对于数列 $\{a_n\}$,题干仅给出 a_n 与 a_{n+1} 或 a_{n-1} 的递推关系式,求数列相关信息.

解题入手方向:通过递推公式找到前几个元素数值的变化规律来判断后面元素的数值,即把 $n=1,2,3,\cdots$ 时得到的前几项代入计算出每一项的具体数字,然后寻找数字的规律.

标志词汇 七 错位相减

【标志词汇】一般地,如果数列 $\{a_n\}$ 是等差数列,数列 $\{b_n\}$ 是等比数列,求数列 $\{a_n \cdot b_n\}$ 的前 n 项和.

解题入手方向:通过乘公比错位相减法求和(错位相减法).在写出 S_n 与 qS_n 的表达式时,应注意将两式"错项对齐",以便下一步准确写出 $S_n - qS_n$ 或 $qS_n - S_n$ 的表达式.

模块三 习题自测

1. 数列 $\{a_n\}$ 的通项公式为 $a_n = n^2 + n$，则数列 $\left\{\dfrac{1}{a_n}\right\}$ 的前 10 项和为(　　).

   A.$\dfrac{175}{132}$　　　　B.$\dfrac{10}{11}$　　　　C.$\dfrac{132}{175}$　　　　D.$\dfrac{264}{175}$　　　　E.$\dfrac{11}{10}$

2. 在等差数列 $\{a_n\}$ 中，S_n 表示前 n 项和，若 $a_3 = -16, a_6 = -4$，使得 S_n 达到最小值时的 $n =$ (　　).

   A.6　　　　　B.7　　　　　C.8　　　　　D.6 或 7　　　　E.7 或 8

3. (条件充分性判断)已知 $\{a_n\}$ 是公差大于零的等差数列，S_n 是数列 $\{a_n\}$ 的前 n 项和，则 $a_7 + a_{14} = 0$.

   (1) $S_{20} = 0$.

   (2) $S_m \geqslant S_{10}, m = 1, 2, 3, \cdots$.

4. 若在等差数列前 5 项和 $S_5 = 15$，前 15 项和 $S_{15} = 120$，则前 10 项和 S_{10} 为(　　).

   A.40　　　　B.45　　　　C.50　　　　D.55　　　　E.60

5. 设等比数列 $\{a_n\}$ 的前 n 项和为 S_n，若 $S_n = 8, S_{2n} = 24$，则 $S_{5n} - S_{4n} = $ (　　).

   A.64　　　　B.72　　　　C.128　　　　D.200　　　　E.256

6. 设 $\{a_n\}$ 是等差数列，$\{b_n\}$ 是各项都为正数的等比数列，且 $a_5 + b_3 = 13, a_1 = b_1 = 1, a_3 + b_5 = 21$，则数列 $\dfrac{a_n}{b_n} = $(　　).

   A.$\dfrac{1}{2^n}$　　　　B.$\dfrac{1}{2^{n-1}}$　　　　C.$\dfrac{2n+1}{2^n}$　　　　D.$\dfrac{2n-1}{2^{n-1}}$　　　　E.$\dfrac{2n+1}{2^{n-1}}$

7. 在数列 $\{a_n\}$ 中，已知 $a_1 = 1, a_{n+1} = 3a_n + 4$，则 $a_6 = $(　　).

   A.439　　　　B.508　　　　C.765　　　　D.727　　　　E.856

8. 如果数列 $\{a_n\}$ 的前 n 项的和 $S_n = \dfrac{3}{2}a_n - 3$，那么这个数列的通项公式是(　　).

   A.$a_n = 2(n^2 + n + 1)$　　　　　　B.$a_n = 3 \times 2^n$　　　　　　C.$a_n = 3n + 1$

   D.$a_n = 2 \times 3^n$　　　　　　E.以上都不是

9. 在数列 $\{a_n\}$ 中，$a_{102} = 7, a_{1000} = 9$，且数列 $\{a_n\}$ 中任意连续三项和都是 21，则 $a_{2021} + a_{2022} +$

$a_{2023} + a_{2024} = ($ $)$.

A. 7   B. 9   C. 26   D. 21   E. 27

10. (条件充分性判断)数列$\{a_n\}$中,$a_1 = 1$,则$a_{100} = 4951$.

    (1)数列$\{a_n\}$满足$a_{n+1} - a_n = n$.

    (2)数列$\{a_n\}$满足$\dfrac{a_{n+1}}{a_n} = \dfrac{n}{n+1}$.

答案速查

1-5：BDADC   6-10：DDDCA

习题详解

1.【答案】B

【解析】由题可知，$\dfrac{1}{a_n} = \dfrac{1}{n^2+n} = \dfrac{1}{n(n+1)} = \dfrac{1}{n} - \dfrac{1}{n+1}$，设 S_n 是数列 $\left\{\dfrac{1}{a_n}\right\}$ 的前 n 项和，则

$S_n = 1 - \dfrac{1}{2} + \dfrac{1}{2} - \dfrac{1}{3} + \cdots + \dfrac{1}{n} - \dfrac{1}{n+1} = 1 - \dfrac{1}{n+1} = \dfrac{n}{n+1}$. 故数列 $\left\{\dfrac{1}{a_n}\right\}$ 的前 10 项和 $S_{10} = \dfrac{10}{11}$.

2.【答案】D

【解析】思路一：本题符合【标志词汇1】给出数列相关信息，求 S_n 的最大值/最小值.

$a_3 = -16, a_6 = -4$ 可得出 $a_1 = -24, d = 4$，求数列过零点的项得 $a_7 = a_1 + 6d = 0$，所以 $S_6 = S_7$ 是最小值，即 $n=6$ 或 7 时，S_n 的值最小.

思路二：由 $a_3 = -16, a_6 = -4$ 可得出 $a_1 = -24, d = 4$，故数列存在最小值. 对称轴 $n = \dfrac{1}{2} - \dfrac{a_1}{d} = \dfrac{1}{2} - \dfrac{-24}{4} = 6.5$，所以 $n=6$ 或 7 时，S_n 的值最小.

3.【答案】A

【解析】本题符合【标志词汇2】给出前 n 项和的最值条件，求数列相关信息.

条件(1)：$S_{20} = \dfrac{20(a_1 + a_{20})}{2} = \dfrac{20(a_7 + a_{14})}{2} = 0$，则 $a_7 + a_{14} = 0$，所以条件(1)充分.

条件(2)：$S_m \geqslant S_{10}, m = 1, 2, 3, \cdots, S_n = \dfrac{d}{2}n^2 + \left(a_1 - \dfrac{d}{2}\right)n$，则 S_n 在 $n=10$ 时，取得最小

值，但 $n=10$ 不一定是对称轴，故无法确定 $a_n = 0$ 时 n 的取值，所以条件(2)不充分.

4.【答案】D

【解析】根据片段和定理，等差数列 $\{a_n\}$ 连续五项之和成等差数列. 即 $S_5, S_{10} - S_5, S_{15} - S_{10}$ 构成等差数列，故有 $2(S_{10} - S_5) = S_5 + (S_{15} - S_{10})$，整理得 $3S_{10} = 3S_5 + S_{15} = 165, S_{10} = 55$.

5.【答案】C

【解析】对于等比数列，$S_n, S_{2n} - S_n, \cdots, S_{5n} - S_{4n}$ 也成等比数列.

由题干知，首项 $S_n = 8, S_{2n} - S_n = 24 - 8 = 16$，则公比 $q = \dfrac{16}{8} = 2$.

所以，$S_{5n} - S_{4n} = 8 \times 2^4 = 128$.

6.【答案】D

【解析】思路一：设 $\{a_n\}$ 是公差为 d 的等差数列，$\{b_n\}$ 是公比为 q 的等比数列.

$\begin{cases} a_5 + b_3 = 13 \\ a_3 + b_5 = 21 \end{cases} \Rightarrow \begin{cases} a_1 + 4d + b_1 q^2 = 13 \\ a_1 + 2d + b_1 q^4 = 21 \end{cases} \Rightarrow 2q^4 - q^2 - 28 = (2q^2 + 7)(q^2 - 4) = 0$，因为 $\{b_n\}$ 是各项都为

正数的等比数列，则 $q = 2, d = 2$，所以 $a_n = 1 + 2(n-1) = 2n - 1, b_n = 2^{n-1}$，则数列 $\dfrac{a_n}{b_n} = \dfrac{2n-1}{2^{n-1}}$.

思路二：取 $n=1, \dfrac{a_1}{b_1} = 1$，排除 A、C、E；取 $a_n = 1$，代入题干中，b_n 不是等比数列，排除 B.

7.【答案】D

【解析】$a_{n+1}=3a_n+4 \Rightarrow a_{n+1}+2=3(a_n+2) \Rightarrow \dfrac{a_{n+1}+2}{a_n+2}=3, a_1+2=3.$

即数列 $\{a_n+2\}$ 是首项为 3，公比为 3 的等比数列，所以 $a_6+2=3\times 3^5=729,$

$a_6=729-2=727.$

8.【答案】D

【解析】当 $n \geqslant 2$ 时，有 $S_{n-1}=\dfrac{3}{2}a_{n-1}-3$，故 $a_n=S_n-S_{n-1}=\left(\dfrac{3}{2}a_n-3\right)-\left(\dfrac{3}{2}a_{n-1}-3\right)$，整理得 $a_n=$

$3a_{n-1}, \dfrac{a_n}{a_{n-1}}=3$，即在 $n \geqslant 2$ 时，a_n 的通项公式为 $a_n=a_1 \times 3^{n-1}.$

当 $n=1$ 时，$a_1=S_1=\dfrac{3}{2}a_1-3$，解得 $a_1=6=a_1 \times 3^0$，亦符合 $n \geqslant 2$ 时 a_n 的通项公式，故

$\{a_n\}$ 的通项公式为 $a_n=a_1 \times 3^{n-1}=6 \times 3^{n-1}=2 \times 3^n.$

9.【答案】C

【解析】数列 $\{a_n\}$ 中任何连续三项和都是 21，等价于每隔两项的数相

等，$\begin{cases} a_1=a_4=a_7=\cdots=a_{3k+1}=C_1 \\ a_2=a_5=a_8=\cdots=a_{3k+2}=C_2, \\ a_3=a_6=a_9=\cdots=a_{3k}=C_3 \end{cases}$

此时 $a_{2021}+a_{2022}+a_{2023}+a_{2024}=a_{3\times 673+2}+a_{3\times 674}+a_{3\times 674+1}+a_{3\times 674+2}=C_2+C_3+C_1+C_2=21+C_2$

由于 $a_{102}=a_{3\times 34}=C_3=7, a_{1000}=a_{3\times 333+1}=C_1=9,$

且 $C_1+C_2+C_3=21$，则 $C_2=5$，此时 $a_{2021}+a_{2022}+a_{2023}+a_{2024}=21+C_2=21+5=26.$

10.【答案】A

【解析】条件（1）：$a_{100}-a_{99}=99, a_{99}-a_{98}=98, \cdots, a_2-a_1=1$，累加得 $a_{100}-a_1=99+98+\cdots+1=$

$\dfrac{(1+99)}{2}\times 99=4950 \Rightarrow a_{100}=a_1+4950=4951$，充分.

条件（2）：$\dfrac{a_{100}}{a_{99}}=\dfrac{99}{100}, \dfrac{a_{99}}{a_{98}}=\dfrac{98}{99}, \cdots, \dfrac{a_2}{a_1}=\dfrac{1}{2}$，累乘得 $\dfrac{a_{100}}{a_1}=\dfrac{1}{100} \Rightarrow a_{100}=\dfrac{1}{100}$，不充分.

数学考点精讲·强化篇

第3部分

几　何

第五章 平面几何

模块一 考点剖析

考点一 阴影面积

1.必备知识点

【标志词汇3】当图形特征不明显,且无法简单看出阴影部分由哪些规则图形构成时,则采用最具普适性的标号法.

标号法具体解题步骤:

(1)依次将图中所有封闭区域标号.

(2)以标号表示规则图形面积.

如:正方形、长方形、圆形、扇形、直角三角形、等边三角形等.

(3)以标号表示待求阴影面积.

(4)用规则图形凑配不规则阴影,计算.

2.典型例题

【例题1】如图5-1所示,长方形 $ABCD$ 中的 $AB = 10$cm,$BC = 5$cm,设 AB 和 AD 分别为半径作 $\frac{1}{4}$ 圆,则图中阴影部分的面积为 ( )cm².

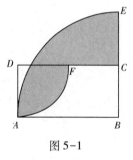

图5-1

A. $25 - \frac{25}{2}\pi$ B. $25 + \frac{125}{2}\pi$ C. $50 + \frac{25}{4}\pi$

D. $\frac{125}{4}\pi - 50$ E. 以上结论均不正确

【解析】本题采用标号法求解.

第1步:如图5-2所示,将图中所有封闭区域标号.

第2步:以标号表示规则图形面积:

式1:小扇形面积=①+②,

式2:大扇形面积=②+③+④,

式3:矩形面积=①+②+③,

第3步:以标号表示阴影面积:$S_{\text{阴影}}$=②+④,

第4步:凑配计算.

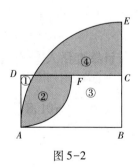

图5-2

$$式2-(式3-式1)=②+④=\frac{1}{4}\pi\times10^2-\left(5\times10-\frac{1}{4}\pi\times5^2\right)=\frac{125}{4}\pi-50.$$

【答案】D

【例题2】如图5-3所示,四边形 $ABCD$ 是边长为1的正方形,弧 AOB,BOC,COD,DOA 均为半圆,则阴影部分的面积为(　　).

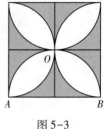

图5-3

A. $\dfrac{1}{2}$　　　　B. $\dfrac{\pi}{2}$　　　　C. $1-\dfrac{\pi}{4}$

D. $\dfrac{\pi}{2}-1$　　　E. $2-\dfrac{\pi}{2}$

【解析】本题采用标号法求解:

第1步:如图5-4所示,将图中所有封闭区域标号.

第2步:以标号表示规则图形面积:

小正方形面积=①+②+③,

扇形面积=①+②,

小正方形面积-扇形面积=①=③.

第3步:以标号表示阴影面积:$S_{阴影}=8\times①$.

第4步:凑配计算.则有

$$S_{阴影}=8\times①=8\left(\frac{1}{2^2}-\frac{1}{4}\pi\times\frac{1}{2^2}\right)=2-\frac{\pi}{2}.$$

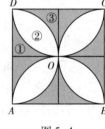

图5-4

【答案】E

考点二　平面几何常用定理

1.必备知识点

1)共边定理(燕尾定理)

如图5-5所示,在 $\triangle ABC$ 中,AD,BE,CF 相交于同一点 O,那么 $S_{\triangle ABO}:S_{\triangle ACO}=BD:DC$. 此定理将面积比转化为线段比,它可以存在于任何一个三角形之中.

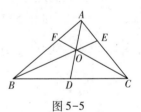

图5-5

2)蝶形定理

(1)任意四边形中的比例关系.

如图5-6所示,任意四边形被对角线分为 S_1,S_2,S_3,S_4,则有:

①$S_1:S_2=S_4:S_3$ 或者 $S_1\cdot S_3=S_2\cdot S_4$,

②$AO:OC=(S_1+S_2):(S_4+S_3)$.

(2)梯形中的比例关系.

如图5-7所示,任意梯形被对角线分为 S_1,S_2,S_3,S_4,则有:

①$S_1:S_3=a^2:b^2$,$S_1:S_2=a:b$,$S_2=S_4$,

②$S_1:S_3:S_2:S_4=a^2:b^2:ab:ab$,$S$ 的对应份数为 $(a+b)^2$.

3)共角定理(鸟头定理)

如果两个三角形中有一个角相等或互补,那么这两个三角形叫

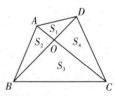

图5-6

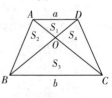

图5-7

作共角三角形.共角三角形的面积比等于对应角(相等角或互补角)两夹边的乘积之比.
常见以下四种图形,如图 5-8、5-9、5-10、5-11 所示.

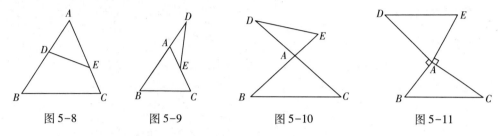

图 5-8　　　　图 5-9　　　　　图 5-10　　　　　图 5-11

在以上四种图形中,$S_{\triangle ABC} : S_{\triangle ADE} = (AB \cdot AC) : (AD \cdot AE)$.

4)切割线定理

从圆外一点引圆的切线和割线,切线长是这点到割线与圆交点的两条线段长的比例
中项. 如图 5-12 所示:$PT^2 = PA \cdot PB$.

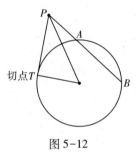

图 5-12

5)相交弦定理

经过圆内一点引两条弦,各弦被这点所分成的两线段的积相等,如图 5-13 所示,$AP \cdot CP = BP \cdot DP$.

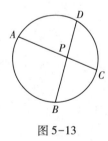

图 5-13

2.典型例题

【例题 1】如图 5-14 所示,在 $\triangle ABC$ 中,$\dfrac{BD}{CD} = \dfrac{2}{3}$,$\dfrac{AE}{CE} = 1$,则 $\dfrac{AF}{BF} = ($ 　　　$)$.

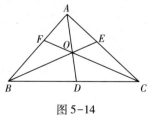

图 5-14

A. $\dfrac{6}{5}$ B. $\dfrac{8}{5}$ C. $\dfrac{5}{3}$ D. $\dfrac{3}{2}$ E. $\dfrac{5}{2}$

【解析】根据燕尾定理，$\dfrac{S_{\triangle ABO}}{S_{\triangle ACO}}=\dfrac{BD}{CD}=\dfrac{2}{3}$，$\dfrac{S_{\triangle ABO}}{S_{\triangle BCO}}=\dfrac{AE}{CE}=\dfrac{1}{1}=\dfrac{2}{2}$，所以 $\dfrac{S_{\triangle ACO}}{S_{\triangle BCO}}=\dfrac{3}{2}=\dfrac{AF}{BF}$.

【答案】D

【例题2】如图 5-15 所示，在梯形 $ABCD$ 中，AD 平行于 BC，$AD:BC=1:2$，若 $\triangle ABO$ 的面积是 2，则梯形 $ABCD$ 的面积是(   ).

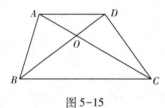

图 5-15

A. 6   B. 8   C. 9   D. 10   E. 11

【解析】由 $AD:BC=1:2$，设 $AD=x$，$BC=2x$.

根据蝶形定理，$S_{\triangle ABO}=S_{\triangle CDO}=2$，

$S_{\triangle ADO}:S_{\triangle ABO}=x^2:(x\cdot 2x)=1:2$，则 $S_{\triangle ADO}=1$，

$S_{\triangle ADO}:S_{\triangle BCO}=x^2:(2x)^2=1:4$，则 $S_{\triangle BCO}=4$，故梯形 $ABCD$ 的面积是 $2+2+1+4=9$.

【答案】C

【例题3】如图 5-16 所示，在三角形 ABC 中，D 在 BA 的延长线上，E 在 AC 上，且 $AB:AD=5:2$，$AE:EC=3:2$，$S_{\triangle ADE}=12$，则 $S_{\triangle ABC}=($).

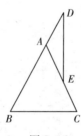

图 5-16

A. 24   B. 48   C. 50   D. 36   E. 52

【解析】根据鸟头模型可知：$\dfrac{S_{\triangle ABC}}{S_{\triangle ADE}}=\dfrac{AB\times AC}{AD\times AE}$.

则 $S_{\triangle ABC}=\dfrac{AB}{AD}\times\dfrac{AC}{AE}\times S_{\triangle ADE}=\dfrac{5}{2}\times\dfrac{5}{3}\times 12=50$.

【答案】C

【例题4】如图 5-17，PA 与圆 O 切于点 A，PBC 是圆 O 的割线，若 $PB=BC=2$，那么 PA 的长为_____.

【解析】根据切割线定理可知：$PA^2=PB\cdot PC$，即 $PA^2=2\times(2+2)=8$，则 $PA=2\sqrt{2}$.

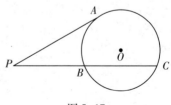

图 5-17

【答案】$2\sqrt{2}$

【例题5】如图 5-18 所示,点 B 在圆 O 上,M 为直径 AC 上一点,BM 的延长线交圆 O 于 N,$\angle BNA=45°$,若圆 O 的半径为 $2\sqrt{3}$,$OA=\sqrt{3}OM$,则 MN 的长为_____.

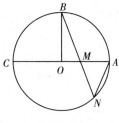

图 5-18

【解析】由 $\angle BNA=45°$ 可得 $\angle BOM=90°$(同一段弧所对应的圆周角是圆心角的一半).
圆 O 的半径为 $2\sqrt{3}$,$OA=\sqrt{3}OM \Rightarrow OM=2$. 根据勾股定理可得 $BM=\sqrt{OB^2+OM^2}=4$.
根据相交弦定理得 $BM \cdot MN=CM \cdot AM$,即 $4MN=(r+OM)(r-OM)=8$,则 $MN=2$.

【答案】2

模块二 习题自测

1. 如图 5-19 所示,三个边长为 1 的正方形所覆盖区域(实线所围)的面积为(   ).

   A.$3-\sqrt{2}$ B.$3-\dfrac{3\sqrt{2}}{4}$ C.$3-\sqrt{3}$ D.$3-\dfrac{\sqrt{3}}{2}$ E.$3-\dfrac{3\sqrt{3}}{4}$

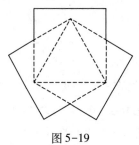

图 5-19

2. 如图 5-20 所示,C 是以 AB 为直径的半圆上一点,再分别以 AC 和 BC 为直径作为半圆,若 $AB=5$,$AC=3$,则图中阴影部分的面积是(   ).

   A.3π B.4π C.6π D.6   E.4

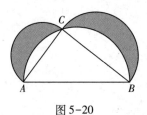

图 5-20

3. 半圆 ADB 以 C 为圆心,1 为半径,且 $CD \perp AB$,分别延长 BD 和 AD 至 E 和 F,使得圆弧 AE 和 BF 分别以 B 和 A 为圆心,则图 5-21 中阴影部分的面积为(   ).

   A.$\dfrac{\pi}{2}-\dfrac{1}{2}$ B.$(1-\sqrt{2})\pi$ C.$\dfrac{\pi}{2}-1$ D.$\dfrac{3\pi}{2}-2$ E.$\pi-1$

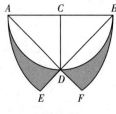

图 5-21

4. 如图 5-22 所示,已知 $BD:DC=2:3$,$AE:CE=5:4$,$\triangle BDG$ 的面积是 8,则 $\triangle ABD$ 的面积是(   ).

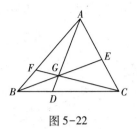

图 5-22

A. 27   B. 33   C. 45   D. 93   E. 125

5. (条件充分性判断)如图 5-23 所示,梯形 ABCD 被 AC 与 DB 分成了 4 个三角形,已知 △AOD 和 △DOC 的面积分别为 16 平方厘米和 24 平方厘米. 则梯形的面积是 100 平方厘米.

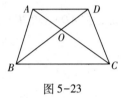

图 5-23

(1)梯形为等腰梯形.
(2)梯形为直角梯形.

6. 某公园中有一个天鹅湖,用来饲养黑天鹅等珍禽. 如图 5-24 所示,四边形 ABCD 表示公园,阴影部分表示天鹅湖,已知 AC,BD 交于 O 点,且 △ABC,△ABD,△COD 的面积分别 42,40,12 公顷,公园陆地面积为 68 公顷,则天鹅湖的面积为(   )公顷.

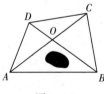

图 5-24

A. 1   B. 1. 5   C. 2   D. 2. 5   E. 3

7. 如图 5-25 所示,三角形 ABC 中,BD=DC=4,BE=3,AE=6,三角形 ABC 是三角形 BED 面积的(   )倍.

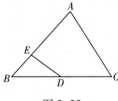

图 5-25

A. 5   B. 6   C. 7   D. 8   E. 9

8. 如图 5-26 所示,A,B,C,D 是圆 O 上的点,BA 与 CD 的延长线交于一点 P,$PA=2$,$PD=CD=3$,则 PB 长度为( ).

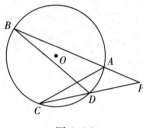

图 5-26

A. 6   B. 7   C. 8   D. 9   E. 10

9. 如图 5-27 所示,已知四边形 $ABCD$,$\angle BAD+\angle BCD=\pi$,$PA=6$,$PC=4$,$PD=3$,则 PB 长为( ).

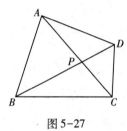

图 5-27

A. 8   B. 9   C. 7   D. 10   E. 11

习题详解

1. 【答案】E

【解析】本题采用标号法求解：

第1步：如图5-28所示，将图中所有封闭区域标号.

第2步：以标号表示规则图形面积，即三个正方形面积和为

式1：（①+④+⑤+⑦）+（②+⑤+⑥+⑦）+（③+④+⑥+⑦），

式2：边长为1的正三角形=④+⑤+⑥=⑦.

第3步：所求区域面积和为：①+②+③+④+⑤+⑥+⑦.

第4步：凑配计算.

式1中区域④+⑤+⑥多加了1次，

等边三角形区域⑦多加了2次，

由于④+⑤+⑥=⑦，所以共多加面积=3×⑦，

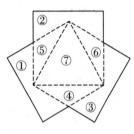

图 5-28

由正三角形边长与面积关系可知，⑦$=\frac{\sqrt{3}}{4}\times1^2=\frac{\sqrt{3}}{4}$. 故待求区域面积$=3S_{正方形}-3\times⑦=$

$3-\frac{3\sqrt{3}}{4}$.

2. 【答案】D

【解析】本题采用标号法求解.

第1步：如图5-29所示，将图中所有封闭区域标号.

第2步：以标号表示规则图形面积.

式1：$S_{半圆AB}=②+③+④=\frac{1}{2}\times\pi\times\left(\frac{5}{2}\right)^2=\frac{25\pi}{8}$；

式2：$S_{半圆AC}=①+②=\frac{1}{2}\times\pi\times\left(\frac{3}{2}\right)^2=\frac{9\pi}{8}$；

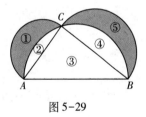

图 5-29

式3：$S_{半圆BC}=④+⑤=\frac{1}{2}\times\pi\times\left(\frac{4}{2}\right)^2=2\pi$；

式4：$S_{\triangle ACB}=③=\frac{1}{2}\times3\times4=6$.

第3步：以标号表示阴影面积：$S_{阴影}=①+⑤$.

第4步：凑配计算：则有 $S_{阴影}=①+⑤=$式2+式3-式1+式4=6.

3. 【答案】C

【解析】本题采用标号法求解.

第1步：如图5-30所示，将图中所有封闭区域标号.

第2步：以标号表示规则图形面积.

式1：$S_{扇形ABE}=①+②+③+④=\frac{1}{8}\pi\times2^2$；

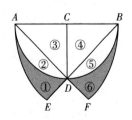

图 5-30

式2：$S_{扇形ADC}=②+③=\dfrac{1}{4}\pi\times1^2$；

式3：$③=④=\dfrac{1}{2}\times1^2=\dfrac{1}{2}$.

第3步：以标号表示阴影面积=①+⑥=①+①，由于左、右两部分阴影面积是对称的，所以只要求出一部分的面积再乘以2即可。

第4步：凑配计算，则有①=式1-式2-式3=$\dfrac{1}{8}\pi\times2^2-\left(\dfrac{\pi}{4}+\dfrac{1}{2}\right)=\dfrac{\pi}{4}-\dfrac{1}{2}$.

故阴影面积为$\dfrac{\pi}{2}-1$.

4.【答案】B

【解析】由等高模型可得$\dfrac{S_{\triangle BDG}}{S_{\triangle CDG}}=\dfrac{BD}{CD}=\dfrac{2}{3}$，

所以$S_{\triangle CDG}=8\times\dfrac{3}{2}=12$，$S_{\triangle BCG}=S_{\triangle CDG}+S_{\triangle BDG}=12+8=20$.

由燕尾定理可得$\dfrac{S_{\triangle ABG}}{S_{\triangle BCG}}=\dfrac{AE}{CE}=\dfrac{5}{4}$，

所以$S_{\triangle ABG}=20\times\dfrac{5}{4}=25$，$S_{\triangle ABD}=S_{\triangle ABG}+S_{\triangle BDG}=25+8=33$.

5.【答案】D

【解析】由蝶形定理得，$S_{\triangle AOB}=S_{\triangle DOC}=24$.

由$S_{\triangle AOD}\times S_{\triangle COB}=S_{\triangle AOB}\times S_{\triangle DOC}$得，$16\times S_{\triangle COB}=24\times24$，所以$S_{\triangle COB}=36$.

所以梯形面积=16+24+24+36=100平方厘米，这和梯形是否为等腰梯形或直角梯形无关，所以两个条件都充分.

6.【答案】C

【解析】设三角形AOB的面积为x，则三角形BOC面积为$42-x$，三角形AOD面积为$40-x$. 由蝶形定理得$S_{\triangle COD}\cdot S_{\triangle BOA}=S_{\triangle AOD}\cdot S_{\triangle BOC}$，即$12x=(40-x)(42-x)$，解得$x=24$或$x=70$. 因为三角形$AOB$的面积为$x$小于40，故三角形$AOB$的面积为24.

则$ABCD$的面积为$(42-24)+(40-24)+24+12=70$，其中陆地面积为68，则天鹅湖的面积为70-68=2公顷.

7.【答案】B

【解析】根据鸟头模型可知：$\dfrac{S_{\triangle ABC}}{S_{\triangle BDE}}=\dfrac{AB\times BC}{BD\times BE}=\dfrac{9\times8}{4\times3}=6$.

8.【答案】D

【解析】**思路一**：$\triangle PBD$与$\triangle PCA$相似，$\dfrac{PA}{PD}=\dfrac{PC}{PB}$，整理得$PA\cdot PB=PC\cdot PD$，代入已知值得$2PB=3\times6$，$PB=9$.

思路二：根据【切割线定理】有$PA\cdot PB=PC\cdot PD\Rightarrow2PB=3\times6\Rightarrow PB=9$.

9.【答案】A

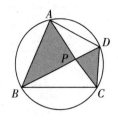

图 5-31

【解析】$\angle BAD + \angle BCD = \pi$，四边形对角互补，则一定内接于某圆，设为圆 O，如图 5-31 所示. 根据同弧所对的圆周角相等，$\angle BAC = \angle BDC$，$\angle ABD = \angle ACD$. 根据对顶角相等 $\angle APB = \angle DPC$. 即 $\triangle APB$ 与 $\triangle DPC$ 相似，$\dfrac{PA}{PD} = \dfrac{PB}{PC}$，即 $PA \cdot PC = PB \cdot PD$，$PB = \dfrac{4 \times 6}{3} = 8$.

【相关知识点】圆内接四边形的判定：有一组对角互补的四边形内接于某个圆.

【技巧】相交弦定理：圆内两弦 AC 和 BD 相交于点 P，则有 $PA \cdot PC = PB \cdot PD$.

第六章

立体几何

模块一 考点剖析

考点一 进阶:切割与打孔

在对于长方体(正方体)、圆柱体、球体等切割或打孔时,需要考生具有较强的空间想象能力,截面积往往可化为平面几何问题,切割或打孔所得到的立体图形的体积往往可以由标准的长方体(正方体)、圆柱体、球体表示. 常考的切割或打孔场景如下.

1. 必备知识点

1)切割球体截面为圆形

如图6-1,图6-2 所示,所得切割球体截面为圆形.

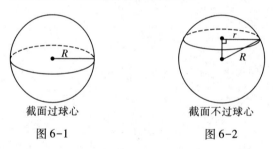

截面过球心　　　　　　截面不过球心

图6-1　　　　　　　图6-2

2)纵向切割圆柱体

截得体积=底面弓形面积×圆柱高=扇形底面积×圆柱高-等腰三角形底面积×圆柱高,如图6-3 所示.

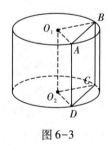

图6-3

3)给球体打圆柱形孔

洞的内壁面积=圆柱的侧表面积=圆柱底面周长×高,如图6-4,图6-5 所示.

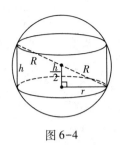
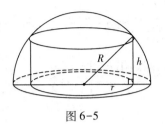

图 6-4   图 6-5

4）常见立方体截面模型

如图 6-6 所示，过长方体顶点和棱中点截长方体，截面为平行四边形.

如图 6-7 所示，过正方体顶点和棱中点截正方体，截面为菱形.

若给定正方体棱长为 a，则菱形一条对角线长为正方体体对角线 $\sqrt{3}\,a$，另一条对角线长为面对角线 $\sqrt{2}\,a$. 截面菱形面积为 $\frac{1}{2}\times\sqrt{3}\,a\times\sqrt{2}\,a=\frac{\sqrt{6}}{2}a^2$.

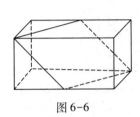
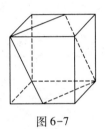

图 6-6   图 6-7

如图 6-8 所示，过正方体三个顶点截正方体，截面为等边三角形.

若给定正方体棱长为 a，则截面等边三角形边长为面对角线 $\sqrt{2}\,a$，截面面积为 $\frac{\sqrt{3}}{4}(\sqrt{2}\,a)^2=\frac{\sqrt{3}}{2}a^2$.

如图 6-9 所示，过正方体棱中点截正方体，截面为正六边形.

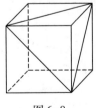

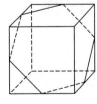

图 6-8   图 6-9

如图 6-10 所示，过正方体四个顶点截正方体或长方体，截面为矩形.

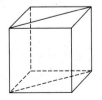

图 6-10

2.题型解析

【例题1】(条件充分性判断)如图6-11所示,一个铁球沉入水池中,则能确定铁球的体积.

(1)已知铁球露出水面的高度.

(2)已知水深及铁球与水面交线的周长.

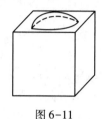

图6-11

【解析】题干要求确定$V=\dfrac{4}{3}\pi R^3$,即确定铁球半径R.设铁球露出水面高度为h',水深为h,球与水面交线周长为C,半径为r.(如图6-12所示)

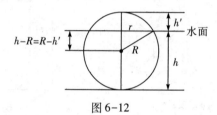

图6-12

故有$R^2=r^2+(h-R)^2$,$R=\dfrac{h^2+r^2}{2h}$,R可由h和r唯一确定.

条件(1)仅知道$h'=2R-h$,即$h=2R-h'$已知,而r未知,故无法确定R,故条件(1)不充分.

条件(2)已知h和交线周长$C=2\pi r$,即已知h和r,可确定R,故条件(2)充分.

【答案】B

【例题2】如图6-13所示,圆柱体的底面半径为2,高为3,垂直于底面的平面截圆柱体所得截面为矩形$ABCD$.若弦AB所对的圆心角是$\dfrac{\pi}{3}$,则截掉部分(较小部分)的体积为(　　).

A.$\pi-3$　　　　B.$2\pi-6$　　　　C.$\pi-\dfrac{3\sqrt{3}}{2}$　　　　D.$2\pi-3\sqrt{3}$　　　　E.$\pi-\sqrt{3}$

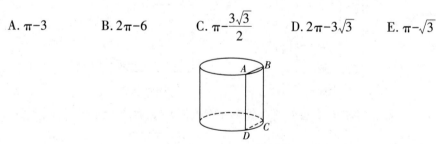

图6-13

【解析】**思路一:**本题考查切割后的不规则柱体体积.如图6-14所示,截掉部分(较小部分)的体积,等于以扇形O_2CD为底面的柱体体积(设为V_1)减去以$\triangle O_2CD$为底面的柱体体积(设为V_2).已知柱体高$h=3$,底面半径$r=2$,根据圆柱体性质,弦AB所对的圆心角＝弦 CD 所对的圆心角＝ $\frac{\pi}{3}$.

图 6-14

$V_1=S_{扇O_2CD}\times h=\frac{\frac{\pi}{3}}{2\pi}\pi r^2\times h=\frac{1}{6}\pi\times2^2\times3=2\pi$. 由于弦 CD 所对的圆心角是 $\frac{\pi}{3}$,且 $O_2D=$ $O_2C=r=2$,故 $\triangle O_2CD$ 为边长为 2 的等边三角形.根据等边三角形边长与面积间的关系可知,面积 $S_{\triangle O_2CD}=\frac{\sqrt{3}}{4}\times2^2=\sqrt{3}$.因此 $V_2=S_{\triangle O_2CD}\times h=3\sqrt{3}$.

截掉部分(较小部分)的体积为 $V_1-V_2=2\pi-3\sqrt{3}$.

思路二:截掉部分为一正柱体,任何正柱体体积均等于底面积乘以高,因此只需要计算底面弓形 CD 的面积,乘以高即为所求体积. $S_{弓形CD}=S_{扇O2CD}-S_{\triangle O2CD}=\frac{2\pi}{3}-\sqrt{3}$,截掉部分(较小部分)的体积 $V=\left(\frac{2\pi}{3}-\sqrt{3}\right)\times3=2\pi-3\sqrt{3}$.

【答案】D

【例题 3】如图 6-15 所示,在半径为 10 厘米的球体上开一个底面半径是 6 厘米的圆柱形洞,则洞的内壁面积为(单位: cm^2)( ).

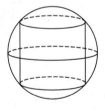

图 6-15

A. 48π B. 288π C. 96π D. 576π E. 192π

【解析】洞的内壁面积＝圆柱的侧表面积＝底面周长×高,本题中球体为圆柱外接球,圆柱轴截面的对角线长同时也为球的直径,故可作图 6-16.

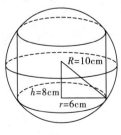

图 6-16

设圆柱高为 $2h$，由题意知 $R^2=r^2+h^2$，$100=36+h^2$，$h=8\,(\text{cm})$，故圆柱高 $2h=16\,(\text{cm})$．洞的内壁面积为 $S=2\pi r\cdot 2h=2\pi\times 6\times 16=192\pi\,(\text{cm}^2)$．

【答案】E

考点二 进阶：平移与旋转

1. 必备知识点

1）平移

点平移后形成线段（如图 6-17 所示），线段的长度就是平移的距离．

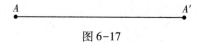

图 6-17

线段沿垂直线段方向平移后形成矩形（如图 6-18 所示），矩形的面积=线段长度×平移距离．

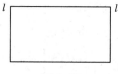

图 6-18

平面沿垂直于平面的方向移动形成柱体（如图 6-19 所示），柱体的体积=平面面积×平移的距离．

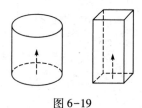

图 6-19

2）线段旋转

以线段 AB 的中点为圆心旋转 $180°$，形成以 AB 为直径的圆，如图 6-20 所示．

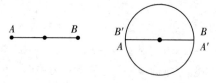

图 6-20

以线段 AB 的中点为圆心旋转不足 $180°$ 时，形成两个扇形，如图 6-21 所示．

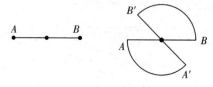

图 6-21

两个扇形总面积$=2\times\pi r^2\times\dfrac{\text{旋转的角度}}{360°},r=\dfrac{AB}{2}.$

以线段 AB 的一个端点为圆心旋转 $360°$,形成以 AB 为半径的圆.

以线段 AB 的一个端点为圆心旋转不足 $360°$ 时,形成 $r=AB$,对应圆心角为旋转所经过角度的扇形,如图 6-22 所示.

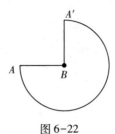

图 6-22

扇形的面积$=\pi r^2\times\dfrac{\text{旋转的角度}}{360°},r=AB.$

3)矩形旋转

沿矩形的一条边或沿中心线旋转一周形成圆柱体,如图 6-23(a)、(b)所示:

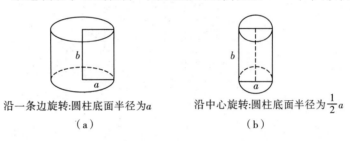

沿一条边旋转:圆柱底面半径为a 沿中心旋转:圆柱底面半径为$\dfrac{1}{2}a$

（a）   （b）

图 6-23

4)圆旋转

圆以直径为轴旋转 $180°$ 形成球体(如图 6-24 所示).

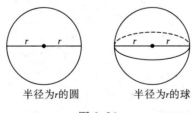

半径为r的圆   半径为r的球

图 6-24

2.题型解析

【例题1】某种机器人可搜索到的区域是半径为 1m 的圆,若该机器人沿直线行走 10m,则其搜索出的区域的面积(单位:m²)为(   )

A. 10   B. 10+π   C. 20+$\dfrac{\pi}{2}$ D. 20+π   E. 10π

【解析】根据题意作出机器人搜索俯视图,如图 6-25 所示.

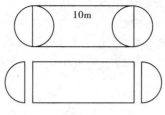

图 6-25

分析可知,机器人搜索出的区域为矩形 $ABCD$ 和两个半圆(即一个圆)的和,即 $S = S_{矩形} + 2 \times S_{半圆} = 10 \times (1+1) + \pi \times 1^2 = 20 + \pi (\text{m}^2)$.

【答案】D

【例题2】一块高为2m,宽为1m的木板垂直于地面放置,沿着水平方向移动4m后,形成的体积为(木板厚度忽略不计)( ).

A. 2m^3 　　 B. 4m^3 　　 C. 6m^3 　　 D. 8m^3 　　 E. 10m^3

【解析】矩形沿垂直于矩形的方向移动形成长方体,长方体的体积=矩形面积×平移的距离,根据题意作图如图6-26所示.

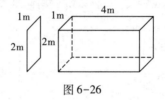

图 6-26

则有 $V = 1 \times 2 \times 4 = 8 (\text{m}^3)$.

【答案】D

【例题3】一块半径为2m的圆形木板垂直于地面放置,沿着水平方向移动4m后,形成的体积为(木板厚度忽略不计)( ).

A. $6\pi\text{m}^3$ 　　 B. $8\pi\text{m}^3$ 　　 C. $16\pi\text{m}^3$ 　　 D. $18\pi\text{m}^3$ 　　 E. $32\pi\text{m}^3$

【解析】圆沿垂直于圆的方向移动形成圆柱体,圆柱体的体积=圆面积×平移的距离,根据题意作图如图6-27所示.

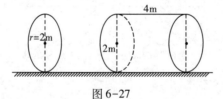

图 6-27

则有 $V = \pi r^2 \cdot s = \pi \times 2^2 \times 4 = 16\pi (\text{m}^3)$.

【答案】C

模块二 常见标志词汇及解题入手方向

在联考真题中,常出现固定的标志词汇,对应固定的解题入手方向,现总结如下:

【标志词汇1】切割

(1)切割球体:截面为圆形.

(2)纵向切割圆柱体:截面为矩形,截得体积=底面弓形面积×圆柱高.

【标志词汇2】打孔

给球体打圆柱形孔:洞的内壁面积=圆柱的侧表面积=圆柱底面圆周长×圆柱高.

【标志词汇3】平移

(1)点平移:形成线段,线段的长度=平移的距离.

(2)线段沿垂直线段方向平移:形成矩形,矩形的面积=线段长度×平移距离.

(3)平面沿垂直于平面的方向平移:形成柱体,柱体的体积=平面面积×平移的距离.

【标志词汇4】旋转

(1)线段旋转

① 以线段 AB 的中点为圆心旋转:

旋转 $180°$:形成圆,$r=\dfrac{AB}{2}$;

旋转不足 $180°$:形成两个扇形,两个扇形总面积$=2×\pi r^2×\dfrac{旋转的角度}{360°}$,$r=\dfrac{AB}{2}$.

② 以线段 AB 的一个端点为圆心旋转:

旋转 $360°$:形成圆,$r=AB$;

旋转不足 $360°$:形成扇形,扇形面积$=\pi r^2×\dfrac{旋转的角度}{360°}$,$r=AB$.

(2)矩形旋转:

沿矩形的一条边旋转一周:形成圆柱体,底面半径为 a;

沿矩形中心线旋转一周:形成圆柱体,底面半径为 $\dfrac{1}{2}a$.

(3)圆旋转:

半径为 r 的圆以直径为轴旋转 $180°$:形成半径为 r 的球.

模块三 习题自测

1. 如图6-28所示,从一个棱长为6的正方体中裁去两个相同的正三棱锥,若正三棱锥的底面边长 $AB=4\sqrt{2}$,则剩余几何体的表面积为(   ).

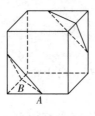

图6-28

    A. 168   B. $168+16\sqrt{3}$ C. $168+32\sqrt{3}$ D. $112+32\sqrt{3}$ E. $124+16\sqrt{3}$

2. (条件充分性判断)一个球沿水平方向切了一刀,则可以确定球体体积.
    (1)已知球心到平面的垂直距离 h.   (2)已知截面的面积 S.

3. 一个正方体的棱长为4,在它的前、后、左、右、上、下各面中心挖去一个棱长为1的正方体做成一种玩具,则这个玩具的表面积为(   ).
    A. 120   B. 166   C. 174   D. 246   E. 270

答案速查
1-3;BCA

习题详解

1. 【答案】B

【解析】如图 6-29 所示,由正三棱锥的底面边长 $AB = 4\sqrt{2}$ 可得, $S_{\triangle ABC} = \dfrac{\sqrt{3}}{4} \times (4\sqrt{2})^2 = 8\sqrt{3}$.

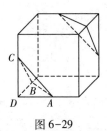

图 6-29

正三棱锥侧面的棱长 $DA = DB = DC = 4$,则 6 个五边形的面积 $= 6 \times \left(6 \times 6 - \dfrac{1}{2} \times 4 \times 4 \right) = 168$,剩余几何体的表面积 $= 6S_{五边形} + 2S_{\triangle ABC} = 168 + 16\sqrt{3}$.

2. 【答案】C

【解析】题干要求确定球体体积,由球体积公式 $V = \dfrac{4}{3} \pi R^3$ 可知,确定 R 即可确定球体体积 V. 根据题意作图如图 6-30 所示.

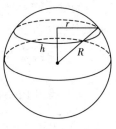

图 6-30

条件(1)中已知 h,无法确定 R,不充分.

条件(2)中已知 $S = \pi r^2$,即已知 r, h, R 构成直角三角形,根据勾股定理有 $R^2 = h^2 + r^2$. 条件(2)单独不充分,联合条件(1),已知 h, r 则可确定 R,即确定球体体积,故联合充分.

3. 【答案】A

【解析】由于正方体棱长为 4,从六个面的中心位置各挖去一个棱长为 1 的正方体,这样得到的玩具中心部分是实心. 原正方体的表面积为 $4^2 \times 6 = 96$. 在它的六个面各挖去一个棱长为 1 的正方体后增加的面积为 $1^2 \times 4 \times 6 = 24$,这个玩具的表面积为 $96 + 24 = 120$.

第七章　平面解析几何

考点一　直线与圆

（一）　过定点的直线与圆的位置关系

1. 必备知识点

当已知一个直线过定点 $P(x_0,y_0)$，若这个点在圆内，则无论直线斜率如何变化，它均与圆相交（有两个交点）；若这个定点在圆上，则直线与圆相切或相交；若定点在圆外，则直线与圆的位置关系取决于直线的斜率，有可能相切、相交或相离. 因此找出直线恒过的定点有助于判断直线与圆的位置关系.

设一直线方程为 $y-2=k(x-1)$，我们可以看出无论斜率 k 取何值，直线恒过定点 $(1,2)$.

但对于解析式较为复杂的直线如何求定点呢？ 如求直线 $(k-1)x+(2k+1)y-k-2=0$ 恒过的定点. 此时采取分离变量法，具体求解步骤如下：

（1）分离变量，将方程变形，将包含未知参数的式子放在等号一端，不包含未知参数的式子放在等号另一端，即

$$kx-x+2ky+y-k-2=0 \Rightarrow k(x+2y-1)=x-y+2.$$

（2）令等号左右两边分别为零，联立求出定点，即令 $\begin{cases} x+2y-1=0 \\ x-y+2=0 \end{cases}$，此时解出的 x 与 y 的值一定与 k 无关，此时解得 $\begin{cases} x=-1 \\ y=1 \end{cases}$，即直线恒过定点 $(-1,1)$.

2. 典型例题

【例题1】过点 $(-2,0)$ 的直线 l 与圆 $x^2+y^2=2x$ 有两个交点，则直线 l 的斜率 k 的取值范围是（　　）.

A. $(-2\sqrt{2},2\sqrt{2})$ B. $(-\sqrt{2},\sqrt{2})$ C. $\left(-\dfrac{\sqrt{2}}{4},\dfrac{\sqrt{2}}{4}\right)$

D. $\left(-\dfrac{1}{4},\dfrac{1}{4}\right)$ E. $\left(-\dfrac{1}{8},\dfrac{1}{8}\right)$

【解析】根据点斜式直线方程，设直线 l 的方程为 $y=k(x+2)$，将圆的方程 $x^2+y^2=2x$ 配方整理为标准方程得 $(x-1)^2+y^2=1$，则圆的圆心为 $(1,0)$，半径为 1. 题干要求直线与圆

相交,即圆心到直线的距离 $d=\dfrac{|3k|}{\sqrt{1+k^2}}<r=1$,解得 $-\dfrac{\sqrt{2}}{4}<k<\dfrac{\sqrt{2}}{4}$.

【答案】C

【例题2】直线 $l:y=\dfrac{\sqrt{3}}{3}x$ 绕原点按逆时针方向旋转 $30°$ 后所得直线 l' 与圆 $(x-2)^2+y^2=3$ 的位置关系是(　　).

　　A. 直线 l' 过圆心　　　　　　　　B. 直线 l' 与圆相交但不过圆心

　　C. 直线 l' 与圆相切　　　　　　　D. 圆心到直线 l' 的距离为 $\dfrac{2-\sqrt{3}}{2}$

　　E. 圆心到直线 l' 的距离为 $2\sqrt{3}$

【解析】直线 $l:y=\dfrac{\sqrt{3}}{3}x$ 过定点原点,倾斜角为 $30°$;按逆时针方向旋转 $30°$ 后所得直线 l' 倾斜角为 $60°$,方程为 $l':y'=\sqrt{3}x$.圆 $(x-2)^2+y^2=3$ 的圆心为 $(2,0)$,半径为 $\sqrt{3}$,根据题意作图如图 7-1 所示.

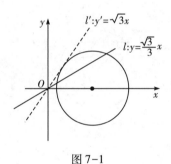

图 7-1

根据点到直线距离公式,圆心 $(2,0)$ 到直线 $l':y'=\sqrt{3}x$ 的距离为 $d=\dfrac{|2\sqrt{3}-0|}{\sqrt{(-1)^2+(\sqrt{3})^2}}=\sqrt{3}=r$,故旋转后的直线与圆相切.

【答案】C

（二）　圆上的点与直线距离

1. 必备知识点

圆上的点与直线的最长或最短距离取决于圆与直线的位置关系.设圆心到直线的距离为 d,圆的半径为 r,则有:

若直线与圆相离,则圆上的点到直线的最短距离等于 $d-r$;最长距离为 $d+r$.

若直线与圆相切,则圆上的点到直线的最短距离为零,最长距离为 $2r$.

若直线与圆相交,则圆上的点到直线的最短距离为零,最长距离为 $d+r$.

2. 典型例题

【例题3】曲线 $x^2-2x+y^2=0$ 上的点到直线 $3x+4y-12=0$ 的最短距离是(　　).

A. $\dfrac{3}{5}$　　　　B. $\dfrac{4}{5}$　　　　C. 1　　　　D. $\dfrac{4}{3}$　　　　E. $\sqrt{2}$

【解析】将圆方程 $x^2-2x+y^2=0$ 配方得 $(x-1)^2+y^2=1$,圆心为点 $(1,0)$,半径 $r=1$,根据点到直线距离公式可知,圆心到直线的距离为 $d=\dfrac{|3\times1+4\times0-12|}{\sqrt{3^2+4^2}}=\dfrac{9}{5}>1$,直线与圆相离,则最短距离为 $d-r=\dfrac{9}{5}-1=\dfrac{4}{5}$.

【答案】B

【例题4】圆 $x^2+y^2+2x+4y-3=0$ 上到直线 $l:x+y+1=0$ 的距离为 $\sqrt{2}$ 的点共有(　　　).

A. 1个　　　　B. 2个　　　　C. 3个　　　　D. 4个　　　　E. 5个

【解析】将圆方程配方转化为标准方程可得 $(x+1)^2+(y+2)^2=(2\sqrt{2})^2$,即圆心为 $(-1,-2)$,半径 $r=2\sqrt{2}$.圆心到直线 l 的距离 $d=\dfrac{|-1-2+1|}{\sqrt{1+1}}=\sqrt{2}=\dfrac{r}{2}<r$,故圆与直线 l 相交于两点,如图 7-2 所示,圆上有三个点到直线 l 的距离为 $\sqrt{2}$.

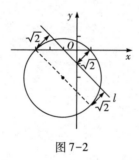

图 7-2

【答案】C

（三）　直线与圆相交弦长的计算

1. 必备知识点

【标志词汇】直线与圆相交弦长 $\Rightarrow d,r$ 与弦长一半构成直角三角形,使用勾股定理求解.

连接圆上任意两点的线段叫作圆的弦.若这条弦过圆心,则它也是圆的直径.圆与直线的相交弦长度计算主要利用勾股定理,如图 7-3 所示.

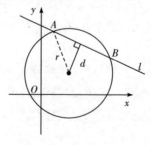

图 7-3

直线 l 与圆相交于 A,B 两点,圆半径为 r,圆心到直线的距离为 d,根据勾股定理可得弦 AB 的长度为 $|AB|=2\sqrt{r^2-d^2}$.

2.典型例题

【例题5】已知直线 $ax+y-2=0$ 与圆心为 C 的圆 $(x-1)^2+(y-a)^2=4$ 相交于 A,B 两点,且 $\triangle ABC$ 为等边三角形,则实数 a 的值为_____.

【解析】圆 $(x-1)^2+(y-a)^2=4$ 的圆心为 $C(1,a)$,半径为 2.已知 $\triangle ABC$ 为等边三角形,半径长 2 就是该三角形的边长,根据平面几何知识等边三角形高与边长的关系可知,$\triangle ABC$ 的高为 $\sqrt{3}$,即圆心 C 到直线 $ax+y-2=0$ 的距离为 $\sqrt{3}$,根据点到直线距离公式可知 $\dfrac{|a+a-2|}{\sqrt{a^2+1^2}}=\sqrt{3}$,解得 $a=4\pm\sqrt{15}$.

【答案】$4\pm\sqrt{15}$

（四）　两变量不等式的数形结合法

1.必备知识点

如图 7-4 到图 7-7 所示,当方程中等号变为不等号时,它表示坐标平面内的一块区域.

图 7-4 表示圆心在原点,半径为 1 的圆周上的点的集合.图 7-5 表示圆心在原点,半径为 1 的圆内的整个坐标平面区域.

图 7-6 表示坐标平面内直线 $x-y+1=0$ 上所有点的集合.图 7-7 表示坐标平面内直线 $x-y+1=0$ 下方的整个区域.

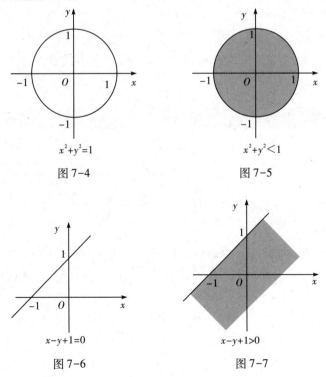

图 7-4　图 7-5

图 7-6　图 7-7

注 直线将坐标平面分为两部分,判断直线的不等式取坐标平面的哪一部分方法为:以 $x-y+1>0$ 为例,代入原点 $(0,0)$ 坐标,得 $x-y+1=0-0+1>0$,不等式成立,故直线的不等式所表示的平面区域包括原点,即不等式表示直线下方的区域.反之,若代入原点坐标后不能使不等式成立,则直线的不等式所表示的平面区域不包括原点(若直线过原点,则代入 $(1,0)$ 或 $(0,1)$ 等易于计算的点).

2.典型例题

【例题6】(条件充分性判断)已知 x,y 为实数,则 $x^2+y^2 \geqslant 1$.

(1) $4y-3x \geqslant 5$.   (2) $(x-1)^2+(y-1)^2 \geqslant 5$.

【解析】$x^2+y^2 \geqslant 1$ 表示坐标平面上单位圆上及其外部的所有区域.条件(1)表示直线 $4y-3x-5=0$ 的上方区域(包括直线上);条件(2)表示坐标平面上圆心为 $(1,1)$,半径为 $\sqrt{5}$ 的圆上及其外部的所有区域.根据以上分析作图,如图7-8所示.

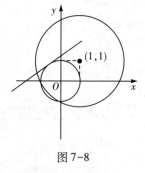

图7-8

条件(1):圆心到直线距离 $d=\dfrac{|-5|}{\sqrt{9+16}}=1$,故直线与单位圆相切,从而满足条件 $4y-3x \geqslant 5$ 的点都满足 $x^2+y^2 \geqslant 1$,故条件(1)充分.

条件(2):两圆圆心距 $d=\sqrt{(0-1)^2+(0-1)^2}=\sqrt{2}<1+\sqrt{5}$,$(x-1)^2+(y-1)^2=5$ 与圆 $x^2+y^2=1$ 相交,故在 $(x-1)^2+(y-1)^2 \geqslant 5$ 区域内会存在某些点落在单位圆内,即 $x^2+y^2<1$,因此条件(2)不充分.

【答案】A

考点二 抛物线

在解析几何中,对于抛物线的考查主要为以下两方面:一是直线与抛物线的位置关系,二是直线与抛物线相交弦长的计算,此类问题推荐采用代数法,综合性强,对考生能力要求较高.

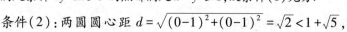

（一） 直线与抛物线位置关系

1.必备知识点

1)抛物线及其性质

抛物线的基础知识详见本书基础篇第三章考点一.

2)直线与抛物线的交点

设非竖直的一直线方程为 $y=kx+b$,抛物线方程为 $y=Ax^2+Bx+C$,联立方程可得到关于 x 的一元二次方程 $Ax^2+(B-k)x+C-b=0$,由此二次方程根的判别式取值情况可判断直线与抛物线位置关系.

【标志词汇】直线与抛物线有两个交点(相交)$\Leftrightarrow \Delta>0$.

【标志词汇】直线与抛物线有一个交点(相切)$\Leftrightarrow \Delta=0$.

【标志词汇】直线与抛物线没有交点$\Leftrightarrow \Delta<0$.

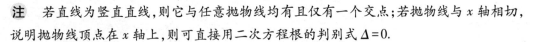

注 若直线为竖直直线,则它与任意抛物线均有且仅有一个交点;若抛物线与 x 轴相切,说明抛物线顶点在 x 轴上,则可直接用二次方程根的判别式 $\Delta=0$.

2.典型例题

【例题1】(条件充分性判断)直线 $y=ax+b$ 与抛物线 $y=x^2$ 有两个交点.

(1) $a^2>4b$. (2) $b>0$.

【解析】联立直线与抛物线方程,得 $x^2=ax+b$,即 $x^2-ax-b=0$,题干要求它们有两个交点,即要求 $\Delta=a^2+4b>0$,$a^2>-4b$.

条件(1):当 $b<0$ 时,$a^2>4b$ 不能充分推出 $a^2>-4b$,故条件(1)不充分.

条件(2):当 $b>0$ 时,则 $-4b<0$,而 $a^2\geq0$,即一定有 $a^2>-4b$,故条件(2)充分.

【答案】B

【例题2】(条件充分性判断)直线 $y=x+b$ 是抛物线 $y=x^2+a$ 的切线.

(1) $y=x+b$ 与 $y=x^2+a$ 有且仅有一个交点.

(2) $x^2-x\geq b-a(x\in\mathbf{R})$.

【解析】条件(1)中直线斜率已经确定且不与 y 轴平行,它与抛物线只有一个交点,只可能相切,故条件(1)充分.条件(2)中 $x^2-x\geq b-a$,即 $x^2+a\geq x+b$,仅说明抛物线在直线上方,但不一定相切,故条件(2)不充分.

【答案】A

(二) 抛物线与直线相交弦长的计算

1.必备知识点

求抛物线与直线相交弦长的一般步骤为:将直线方程和抛物线方程联立,求出方程组的解,此即抛物线与直线的两交点坐标,利用两点间距离公式求出两点间距离,即为相交弦长.

2.典型例题

【例题3】一抛物线以 y 轴为对称轴,且过点 $\left(-1,\frac{1}{2}\right)$ 及原点,一直线 l 过点 $\left(1,\frac{5}{2}\right)$ 和点 $\left(0,\frac{3}{2}\right)$,则直线 l 被抛物线截得的线段的长度为(   ).

A.$4\sqrt{2}$ B.$3\sqrt{2}$ C.$4\sqrt{3}$ D.$3\sqrt{3}$ E.以上均不正确

【解析】抛物线以 y 轴为对称轴,且过原点,故可设抛物线方程为 $y=ax^2$,代入抛物线上点 $\left(-1,\frac{1}{2}\right)$ 坐标,得 $a=\frac{1}{2}$,抛物线方程为 $y=\frac{1}{2}x^2$.直线 l 过点 $\left(1,\frac{5}{2}\right)$ 和点 $\left(0,\frac{3}{2}\right)$,由两点式可得直线方程 $y=x+\frac{3}{2}$.联立直线与抛物线方程 $\begin{cases}y=x+\frac{3}{2}\\y=\frac{1}{2}x^2\end{cases}$.解得 $\begin{cases}x=3\\y=\frac{9}{2}\end{cases}$ 或 $\begin{cases}x=-1\\y=\frac{1}{2}\end{cases}$,即交点为点 $\left(3,\frac{9}{2}\right)$ 和点 $\left(-1,\frac{1}{2}\right)$.两点之间的距离为 $d=\sqrt{(3+1)^2+\left(\frac{9}{2}-\frac{1}{2}\right)^2}=4\sqrt{2}$,此即直线 l 被抛物线截得的线段的长度.

【答案】A

考点三 线性规划问题

线性规划是研究线性约束条件下,线性目标函数的最大值或最小值问题的数学方法. 求最大值或最小值的函数称为目标函数,而目标函数中未知量需要满足的不等式组称为约束条件,根据约束条件所画出的区域称为可行域.

线性规划问题属于联考中难度较高的考点,一般处于问题求解或条件充分性判断的压轴位置. 具体可分为截距型、斜率型、距离型和乘积型线性规划.

(一) 截距型线性规划

1. 必备知识点

当目标函数是关于 x,y 的一次式时,如求 $mx+ny$(m,n 为常数)的最值,则可令 $mx+ny=b$,整理得 $y=-\dfrac{m}{n}x+\dfrac{b}{n}$. 此时可得到一组平行直线,$\dfrac{b}{n}$ 表示直线在 y 轴截距,截距的最值对应 $mx+ny$ 的最值. 因此找到可以通过可行域的最两侧直线,计算出在 y 轴截距,就可以得到所求最值.

特别地,此类题目一般在图形边界点分析最值,故可以直接将限制 x,y 取值区域范围的图形顶点坐标代入待求式,求得最值.

2. 典型例题

【例题 1】如图 7-9 所示,点 A,B,O 的坐标分别为 $(4,0),(0,3),(0,0)$,若 (x,y) 是 $\triangle AOB$ 中的点,则 $2x+3y$ 的最大值为(　　).

A. 6　　　　　B. 7　　　　　C. 8　　　　　D. 9　　　　　E. 12

【解析】令 $2x+3y=b$,则 $y=-\dfrac{2}{3}x+\dfrac{b}{3}$,是一条斜率为 $-\dfrac{2}{3}$,在 y 轴截距为 $\dfrac{b}{3}$ 的直线. 求 b 的最大值即求直线在 y 轴截距的最大值. 借助图像分析可知,直线 $y=-\dfrac{2}{3}x+\dfrac{b}{3}$ 过点 $B(0,3)$ 时截距最大. 代入 $x=0,y=3$ 可得 $2x+3y=9$.

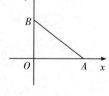

图 7-9

【技巧】$2x+3y$ 的最值一定在 $(4,0),(0,3),(0,0)$ 三点中取到,分别代入,取最大值即可得结果.

【答案】D

(二) 斜率型线性规划

1. 必备知识点

当目标函数为 $\dfrac{y}{x}$ 时,可令 $\dfrac{y}{x}=k$,整理得 $y=kx$,它表示过原点的直线,$\dfrac{y}{x}$ 的最值即对应直线斜率的最值.

进一步分析,当目标函数为 $\dfrac{y-n}{x-m}$ 时,亦可令 $\dfrac{y-n}{x-m}=k$,它表示可行域内点与点 (m,n) 连

线的斜率, $\dfrac{y-n}{x-m}$ 的最值即对应直线斜率的最值.

2. 典型例题

【例题2】已知 x,y 满足 $\begin{cases} x \geq 1 \\ x-y-2 \leq 0 \\ 2x+y-4 \leq 0 \end{cases}$,则 $\dfrac{y}{x}$ 的最大值为(   ).

A. 1   B. $\sqrt{2}$ C. 2   D. $\sqrt{3}$ E. $\dfrac{\sqrt{2}}{2}$

【解析】根据已知条件画出可行域,如图7-10所示.

令 $\dfrac{y}{x}=k$,即 $y=kx$,它表示过原点斜率为 k 的直线.题目要求可行域范围内的点与原点连线斜率 k 的最大值.因此只需要找到过原点且通过可行域的直线,其斜率取值范围即为 $\dfrac{y}{x}$ 的取值范围.根据可行域形状可知,当直线通过 $x=1$ 与 $2x+y-4=0$ 的交点时,斜率最大.联立得 $\begin{cases} x=1 \\ y=2 \end{cases}$,故 $\dfrac{y}{x}$ 的最大值为2.

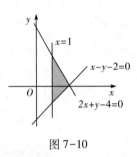

图 7-10

【答案】C

（三） 距离型线性规划

1. 必备知识点

当目标函数为形如 x^2+y^2 的二次式时,可将其看作可行域内点 (x,y) 到原点的距离 $\sqrt{(x-0)^2+(y-0)^2}$ 的平方,只需在可行域内寻找距离原点最近和最远的点,即对应 x^2+y^2 的最值.

进一步分析,当目标函数为 $(x-m)^2+(y-n)^2$ 时,可将其看作可行域内点 (x,y) 到点 (m,n) 的距离的平方,只需在可行域内寻找距离点 (m,n) 最近和最远的点,即对应 $(x-m)^2+(y-n)^2$ 的最值.

2. 典型例题

【例题3】已知 x,y 满足 $\begin{cases} x+y-2 \geq 0 \\ x-4y+8 \geq 0 \\ x-y-1 \leq 0 \end{cases}$,则 x^2+y^2 的最大值为(   ).

A. 5   B. $\sqrt{2}$ C. 9   D. 25   E. 16

【解析】根据已知条件画出可行域,如图7-11中阴影部分所示.

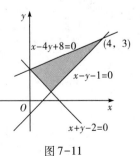

图 7-11

x^2+y^2 表示可行域内的点与坐标原点距离的平方,观察图形可知,当点取在直线 $x-4y+8=0$ 和 $x-y-1=0$ 交点处时距离最远,即对应 x^2+y^2 的最大值.联立两直线方程可知交点为 $(4,3)$,则最大值为 $4^2+3^2=25$.

【答案】D

【例题4】设实数 x,y 满足 $|x-2|+|y-2|=2$，则 $(x-2)^2+(y-2)^2$ 的取值范围是(　　).

A. $(\sqrt{2},2)$　　　B. $(2,4)$　　　C. $(\sqrt{2},4)$　　　D. $(2,6)$　　　E. $(2,8)$

【解析】根据本章考点三知识可知，如图 7-12 所示，$|x-2|+|y-2|=2$ 表示的可行域为坐标平面内以点 $(2,2)$ 为中心的正方形.

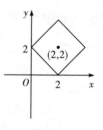

代入 $x=0$ 得正方形与 y 轴交点为 $(0,2)$ 点，同理代入 $y=0$ 的正方形与 x 轴交点为 $(2,0)$ 点. 故正方形边长为 $2\sqrt{2}$.

$(x-2)^2+(y-2)^2$ 表示可行域范围内一点 (x,y) 到点 $(2,2)$ 的距离的平方. 根据平面几何知识可知，在可行域内，正方形边长中点到点 $(2,2)$ 的距离最小，为 $\sqrt{2}$，正方形顶点到点 $(2,2)$ 的距离最大，为 2. 可行域内点 (x,y) 到点 $(2,2)$ 的距离取值范围为 $(\sqrt{2},2)$，故 $(x-2)^2+(y-2)^2$ 的取值范围为 $(2,4)$.

图 7-12

【答案】B

（四）　乘积型线性规划

1. 必备知识点

当目标函数为形如 xy 的乘积形式，需要找出在可行域内可取到最值的边界，即将最值点固定到一条线段上，代入线段方程将目标函数转化为二次函数，问题就转化为二次函数求最值问题，因此乘积型线性规划也叫二次函数型线性规划.

2. 典型例题

【例题5】设点 $A(0,2)$ 和 $B(1,0)$，在线段 AB 上取一点 $M(x,y)(0<x<1)$，则以 x,y 为两边长的矩形面积的最大值为(　　).

A. $\dfrac{5}{8}$　　　B. $\dfrac{1}{2}$　　　C. $\dfrac{3}{8}$　　　D. $\dfrac{1}{4}$　　　E. $\dfrac{1}{8}$

【解析】A,B 两点确定直线方程为 $\dfrac{y-0}{2-0}=\dfrac{x-1}{0-1}$，整理得 $y=-2x+2$，以 x,y 为两边长的矩形面积为 xy. 根据题意作图，如图 7-13 所示.

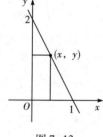

将 $y=-2x+2$ 代入得矩形面积 $S=xy=x(2-2x)=-2x^2+2x=-2\left[\left(x-\dfrac{1}{2}\right)^2-\dfrac{1}{4}\right]$，故当 $x=\dfrac{1}{2}$ 时，xy 取最大值 $-2\times\left(-\dfrac{1}{4}\right)=\dfrac{1}{2}$.

【答案】B

图 7-13

模块二 习题自测

1. 设 A,B 分别是圆周 $(x-3)^2+\left(y-\sqrt{3}\right)^2=3$ 上使得 $\dfrac{y}{x}$ 取到最大值和最小值的点, O 是坐标原点, 则 $\angle AOB$ 的大小为( ).

   A. $\dfrac{\pi}{2}$ B. $\dfrac{\pi}{3}$ C. $\dfrac{\pi}{4}$ D. $\dfrac{\pi}{6}$ E. $\dfrac{5\pi}{12}$

2. (条件充分性判断)圆 $(x-1)^2+(y-2)^2=4$ 和直线 $(1+2\lambda)x+(1-\lambda)y-3-3\lambda=0$ 相交于两点.

   (1) $\lambda=\dfrac{2\sqrt{3}}{5}$.   (2) $\lambda=\dfrac{5\sqrt{3}}{2}$.

3. 已知两点 $A(-2,0)$, $B(0,2)$, 点 C 是圆 $x^2+y^2-4x+4y+6=0$ 上任意一点. 则点 C 到直线 AB 距离的最小值是( ).

   A. $\sqrt{2}$ B. $2\sqrt{2}$ C. $3\sqrt{2}-2$ D. $3\sqrt{2}$ E. $4\sqrt{2}$

4. 若 $a^2+b^2-2c^2=0$, 则直线 $ax+by+c=0$ 被 $x^2+y^2=1$ 所截得的弦长为( ).

   A. $\dfrac{1}{2}$ B. 1 C. $\dfrac{\sqrt{2}}{2}$ D. $\sqrt{2}$ E. $\dfrac{\sqrt{3}}{3}$

5. (条件充分性判断)设 x,y 为实数, 则能确定 $x\leqslant y$.

   (1) $x^2\leqslant y-1$.   (2) $x^2+(y-2)^2\leqslant 2$.

6. (条件充分性判断)设 x,y 为实数, 则 $|x+y|\leqslant 2$.

   (1) $x^2+y^2\leqslant 2$.   (2) $xy\leqslant 1$.

7. (条件充分性判断)抛物线 $y=x^2+(a+2)x+2a$ 与 x 轴相切.

   (1) $a>0$.   (2) $a^2+a-6=0$.

8. 设变量 x,y 满足约束条件 $\begin{cases} x-y\geqslant -1 \\ x+y\geqslant 1 \\ 3x-y\leqslant 3 \end{cases}$, 则目标函数 $z=4x+y$ 的最大值为( ).

   A. 4 B. 11 C. 12 D. 14 E. 15

9. (条件充分性判断)已知点 $P(1,m)$, $A(1,3)$, $B(2,1)$, 点 (x,y) 在三角形 PAB 上, 则

$\dfrac{y+1}{x}$的最小值和最大值分别为 1 和 4.

(1) $m<3$.   (2) $m\geq 0$.

10. 设 x,y 是实数,则 $\sqrt{x^2+y^2}$ 有最小值和最大值.

(1) $(x-1)^2+(y-1)^2=1$.

(2) $y=x+1$.

11. 设实数 x,y 满足 $|x-2|+|y-2|\leq 2$,则 x^2+y^2 的取值范围是(   ).

A. $[2,18]$ B. $[2,20]$ C. $[2,36]$ D. $[4,18]$ E. $[4,20]$

12. 已知 x,y 满足 $\begin{cases} x\geq 0 \\ y\geq 0 \\ 2x+y-2\leq 0 \end{cases}$,则 xy 的最大值为(   ).

A. $\dfrac{5}{8}$ B. $\dfrac{1}{2}$ C. $\dfrac{3}{8}$ D. $\dfrac{1}{4}$ E. $\dfrac{1}{8}$

答案速查

1-5：BDBDD   6-10：ACBCA   11-12：BB

习题详解

1. 【答案】B

【解析】令 $\dfrac{y}{x}=k$,则 $y=kx$,它表示过定点原点 O,斜率为 k

的直线.圆上使 $\dfrac{y}{x}$ 取到最大值和最小值的点即为使直线

$y=kx$ 斜率分别取到最大值和最小值的点.根据题意作

图 7-14.

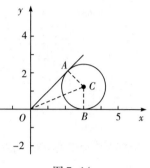

图 7-14

　　由图可知,直线与圆相切,A、B 均为切点,结合图形得

$BC=r=\sqrt{3}$,$BO=3$.在 $Rt\triangle OBC$ 中,由勾股定理可得 $OC=$

$\sqrt{BC^2+BO^2}=2\sqrt{3}$.由直角三角形 30° 所对的边等于斜边的一半得 $\angle COB=30°=\dfrac{\pi}{6}$,从

而 $\angle AOB=2\times\dfrac{\pi}{6}=\dfrac{\pi}{3}$.

2. 【答案】D

【解析】带参数的直线方程,采用分离变量法,借助直线恒过定点来考虑.当直线恒过定点时,若此定点在圆内部,则直线与圆一定相交于两点.将直线方程分离变量写为$(x+y-3)=\lambda(y-2x+3)$,令 $\begin{cases}x+y-3=0\\2x-y-3=0\end{cases}$,解得 $\begin{cases}x=2\\y=1\end{cases}$,即直线恒过定点$(2,1)$.而圆 $(x-1)^2+(y-2)^2=4$ 的圆心为$(1,2)$,半径 $r=2$,此定点在圆内部,故无论 λ 如何取值,直线均与圆相交于两点.

3. 【答案】B

【解析】将圆方程化为标准方程可得 $(x-2)^2+(y+2)^2=2$,所以圆心为 $(2,-2)$,半径是 $r=\sqrt{2}$.由两点式可得直线 AB 的方程为 $\dfrac{y-0}{x-(-2)}=\dfrac{2-0}{0-(-2)}$,整理得 $x-y+2=0$.

　　圆心到直线 AB 的距离为 $\dfrac{|2-(-2)+2|}{\sqrt{1+1}}=\dfrac{6}{\sqrt{2}}=3\sqrt{2}>r$,直线 AB 和圆相离,

点 C 到直线 AB 距离的最小值是 $3\sqrt{2}-r=3\sqrt{2}-\sqrt{2}=2\sqrt{2}$.

4. 【答案】D

【解析】$x^2+y^2=1$ 表示圆心在原点,半径为 1 的单位圆,根据点到直线距离公式可知,圆心$(0,0)$到直线 $ax+by+c=0$ 的距离 $d=\dfrac{|c|}{\sqrt{a^2+b^2}}=\dfrac{1}{\sqrt{2}}$.

　　距离 d,半径 r 与弦长的一半构成直角三角形,由勾股定理可知,弦长 $=2\sqrt{1-d^2}=$

$2\times\dfrac{1}{\sqrt{2}}=\sqrt{2}$.

5. 【答案】D

【解析】$x\leqslant y$ 表示坐标平面上直线 $y=x$ 及其左上方部分平面,条件可将坐标平面上的

点限制在此范围内,即充分.

条件(1):$x^2 \leqslant y-1$,$y \geqslant x^2+1$,表示在坐标平面内,抛物线$y=x^2+1$及之上部分.由图 7-15 可知条件(1)充分.

条件(2):$x^2+(y-2)^2 \leqslant 2$ 表示坐标平面上圆心为$(0,2)$,半径为$\sqrt{2}$的圆及其内部区域.由圆心$(0,2)$到直线$x-y=0$的距离 $d=\dfrac{|0-2+0|}{\sqrt{1^2+1^2}}=\sqrt{2}=r$ 得,圆与直线相切,圆及其内部区域

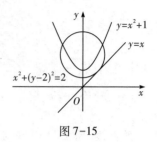

图 7-15

在直线$y=x$及其左上方部分平面,故条件(2)亦充分.

6.【答案】A

【解析】对于条件(2),取$x=0$,$y=10$,满足$xy \leqslant 1$,但$|x+y|=10$,故不充分.

对于条件(1),**思路一:数形结合法.**

如图 7-16 所示,$x^2+y^2 \leqslant 2$ 表示点(x,y)在以原点为圆心,$\sqrt{2}$为半径的圆内和圆上.题干结论$|x+y| \leqslant 2$ 即$-2 \leqslant x+y \leqslant 2$,表示点$x,y$在直线$x+y=2$和$x+y=-2$所围成的长条形区域内(包括直线上).根据点到直线距离公式,圆心到两直线的距离均为 $d=\dfrac{|\pm 2|}{\sqrt{1^2+1^2}}=\sqrt{2}=r$,因此两

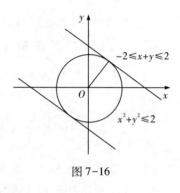

图 7-16

条直线为圆的上下两条切线,故圆上和圆内的点都在两条切线围成的长条形区域内,即条件(1)充分.

思路二:代数方法. 由 $0 \leqslant (x-y)^2=x^2+y^2-2xy$,得 $2xy \leqslant x^2+y^2$,因此$(x+y)^2=x^2+y^2+2xy \leqslant 2(x^2+y^2) \leqslant 4$,即$(x+y)^2 \leqslant 4$,$|x+y| \leqslant 2$,故条件$(1)$充分.

7.【答案】C

【解析】题干要求抛物线与 x 轴相切,即抛物线顶点在 x 轴上,根的判别式 $\Delta=0$,即$(a+2)^2-4 \times 2a=0$,$a=2$.条件(1):$a>0$ 单独不充分,条件(2):$a^2+a-6=(a-2)(a+3)=0$,即$a=2$ 或 $a=-3$,单独不充分;联合条件(1)和条件(2)可得$a=2$,故联合充分.

8.【答案】B

【解析】$z=4x+y \Rightarrow y=-4x+z$,是一条斜率为$-4$,在 y 轴截距为 z 的直线.求 z 的最大值即求直线在 y 轴截距的最大值.借助图 7-17 分析可知,直线过 $A(2,3)$ 时截距最大.代入 $x=2$,$y=3$ 可得$4x+y=11$.

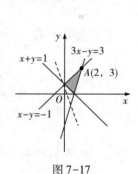

图 7-17

【技巧】最值一般在交点处取得,所以可求出三条直线的交点坐标,分别为$(0,1)$,$(1,0)$和$(2,3)$,代入 $z=4x+y$,得到最大值为 $z=4 \times 2+3=11$.

9.【答案】C

【解析】根据已知条件画出可行域,如图 7-18 所示.

令 $\dfrac{y+1}{x}=k$,即 $y+1=k(x+0)$,根据点斜式直线方程可知它表示过点 $M(0,-1)$,斜率为 k

的直线.点 $A(1,3)$ 与点 $M(0,-1)$ 确定直线斜率为 $\dfrac{3-(-1)}{1-0}=$

4,同理,由点 $B(2,1)$ 与点 $M(0,-1)$ 可确定直线斜率为

$\dfrac{1-(-1)}{2-0}=1.$

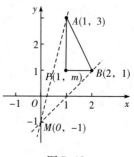

图 7-18

而题目要求可行域范围内的点与点 $M(0,-1)$ 连线斜率 k 的最小值和最大值分别为 1 和 4.点 $P(1,m)$ 为在直线 $x=1$ 上移动,纵坐标为 m 的点.题干结论成立要求点 P 的移动范围在图中两虚线之间,故纵坐标 m 小于 $3(m=3$ 时无法构成三角

形).当点 P 移至直线 BM 时纵坐标 m 取得最小值.直线 BM 的方程为 $\dfrac{y+1}{1+1}=\dfrac{x-0}{2-0}$,整理

得 $y=x-1.$ 代入点 P 坐标得最小值 $m=0.$

10.【答案】A

【解析】$\sqrt{(x-0)^2+(y-0)^2}$ 可以看作可行域内点 (x,y) 到原点的距离.

如图 7-19 所示,条件(1):连接原点和圆心的直线与圆分别交于 A,B 两点,则线段 OB 和 OA 的长度分别为最小值和最大值,故条件(1)充分.

条件(2):由图 7-20 可知,一次函数的图像,直线可以无限延伸,故没有最大值,故条件(2)不充分.

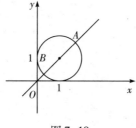

图 7-19

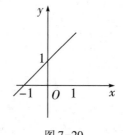

图 7-20

11.【答案】B

【解析】如图 7-21 所示,$|x-2|+|y-2|\leqslant2$ 表示坐标平面内以 $(2,2)$ 为中心的正方形,与两坐标轴恰交于 $(2,0)$ 点和 $(0,2)$ 点,x^2+y^2 表示坐标平面上一点 (x,y) 到原点的距离的平方,即有 $x^2+y^2=r^2$,本题即求 r^2 的取值范围.

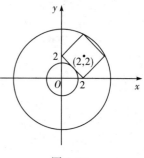

图 7-21

由图 7-21 可知,当圆 $x^2+y^2=r^2$ 与直线 $x+y-2=0$ 相

切时,圆最小,$x^2+y^2=r^2$ 有最小值,$d=r=\dfrac{|-2|}{\sqrt{1^2+1^2}}=\sqrt{2}$,$x^2+$

$y^2=r^2=2.$ 当圆 $x^2+y^2=r^2$ 与直线 $x+y-6=0$ 相交于 $(2,4)$ 点

和 $(4,2)$ 点时(交点由对称性易求得),圆最大,$x^2+y^2=r^2$

有最大值,任意代入一点可得 $2^2+4^2=20=r^2.$ 故 x^2+y^2 的取值范围是 $[2,20].$

【拓展】$|k_1x+b_1|+|k_2y+b_2|=a(a>0)$ 在平面直角坐标系中表示中心为 $\left(-\dfrac{b_1}{k_1},-\dfrac{b_2}{k_2}\right)$ 的菱

形,面积为 $S=\dfrac{2a^2}{|k_1 k_2|}$,其中 b_1,b_2 只影响图形中心的位置,不影响菱形面积.特别地,当

$k_1=k_2$ 时,方程表示正方形.

12.【答案】B

【解析】根据已知条件画出可行域,如图 7-22 中阴影部分所示.

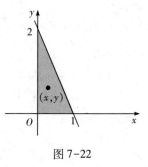

图 7-22

对于可行域内任意一点 (x,y),若锁定 x 值不变,将点竖直上移,则纵坐标 y 的值变大,乘积 xy 也变大.因此只有在线段 $2x+y-2=0(x\in[0,1],y\in[0,2])$ 上可能取到 xy 的最大值.将 $y=-2x+2$ 代入得 $xy=x(2-2x)$,根据两根式可知,当 x 在两根正中间,即 $x=\dfrac{0+1}{2}=\dfrac{1}{2}$ 时,xy 取最大值 $-2\times$

$\left(-\dfrac{1}{4}\right)=\dfrac{1}{2}$.

数学考点精讲·强化篇

第4部分

数据分析

第八章　排列组合

模块一　考点剖析

考点一　错位重排

1. 必备知识点

错位重排问题的经典场景有:不对号入座、装错信封、球的号码跟盒子不对应等.

具体可表述为:编号是 $1,2,\cdots,n$ 的 n 封信,装入编号为 $1,2,\cdots,n$ 的 n 个信封,要求每封信和信封的编号均不同,问有多少种装法?

设 D_n 表示 n 对元素错位重排的方法数,则有:

1 对元素无法错位重排,有 0 种方法,即 $D_1=0$.

2 对元素的错位重排问题,只有 1 种方法,即 $D_2=1$.

3 对元素的错位重排问题,有 2 种方法,即 $D_3=2$.

4 对元素的错位重排问题,有 9 种方法,即 $D_4=9$.

5 对元素的错位重排问题,有 44 种方法,即 $D_5=44$.

2. 典型例题

1)基础题型

对于本类型题目只需要记住 5 对元素以内的错位重排方法数,就可以迅速解题.

注　如果需要解决的元素数量更多可以使用错位重排递推公式:$D_n=(n-1)\cdot(D_{n-2}+D_{n-1})$,但在实际考试中,只需要记住 5 对元素以内的结果即可.

【例题1】某单位有 3 个部门主任要检查 3 个部门的工作,规定本部门主任不能检查本部门,则不同的安排方式有(　　).

A. 2 种　　　　B. 3 种　　　　C. 8 种　　　　D. 18 种　　　　E. 36 种

【解析】本题为 3 个元素的错位重排问题,即 $D_3=2$.

【答案】A

2)部分不对号问题

在一些题目中,对于同一类元素,要求一部分对号,另一部分不对号,此时优先处理要求对号的元素,剩余的所有不对号元素按照错位重排公式计算出方法数即可.

【例题2】设有编号为 $1,2,3,4,5$ 的五个小球和编号为 $1,2,3,4,5$ 的五个盒子,现将五个小球分别放入这 5 个盒子,要求每个盒子内放一个小球,且恰好有一个球的编号与盒子的编号相同,则满足要求的投放方法总数为(　　　)种.

A. 20   B. 30   C. 45   D. 60   E. 135

【解析】要求恰好一个小球对号,同时也意味着要求剩余的 4 个小球必须不对号,先处理要求对号的小球,再将要求不对号的小球错位重排. 投放分为两步:

第一步:从 5 个球中选出 1 个球,共有 C_5^1 种选法,将它投入编号相同的盒子中.

第二步:剩下 4 个球要求都与盒子编号不同,属于 4 对元素的错位重排问题,共有 $D_4 = 9$(种)方法.

根据乘法原理,共有 $C_5^1 \times 9 = 45$(种)投放方法.

【答案】C

考点二　环形排列

1. 必备知识点

n 个不同元素作环形排列,共有 $\dfrac{A_n^n}{n} = A_{n-1}^{n-1} = (n-1)!$ 种排法.

n 个不同的珠子作环形手链,共有 $\dfrac{A_n^n}{n \times 2} = \dfrac{A_{n-1}^{n-1}}{2} = \dfrac{(n-1)!}{2}$ 种排法.

2. 典型例题

【例题 1】让 8 名成人和 2 名儿童手拉手围成一个圆圈,那么 2 名儿童完全分开的不同相对位置共有(　　)种.

A. 7!   B. 20×7!   C. 36×7!   D. 54×7!   E. 56×7!

【解析】第一步:8 名成人围成一个圆圈,有 7!(种)方法. 第二步:将 2 名儿童安排在 8 名成人之间的 8 个空隙中,共有 A_8^2(种)方法. 根据乘法原理,总方法有 7! $\times A_8^2 = 56 \times 7!$

【答案】E

【例题 2】用 6 颗颜色不同的彩色珠子串成一个手链,有 _____ 种不同的串法.

【解析】6 颗颜色不同的彩色珠子串成一个手链,有 $\dfrac{A_{6-1}^{6-1}}{2} = \dfrac{A_5^5}{2} = 60$ 种不同的串法.

【答案】60

考点三　排列组合在几何中的应用

【例题 1】如图 8-1 所示,两线段 MN 与 PQ 不相交,线段 MN 上有 6 个点 $A_1, A_2, \cdots, A_6$,线段 PQ 上有 7 个点 $B_1, B_2, \cdots, B_7$,若将每一个 A_i 和每一个 B_j 连成不作延长的线段 $A_i B_j (i=1,2,\cdots,6; j=1,2,\cdots,7)$,则由这些线段 $A_i B_j$ 相交而得到的交点(不包含 MN 和 PQ 上的点)最多有(　　).

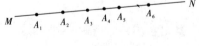

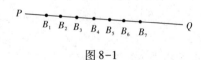

图 8-1

A. 315 个　　　　B. 316 个　　　　C. 317 个　　　　D. 318 个　　　　E. 319 个

【解析】在线段 MN, PQ 上分别任取两点,方法数分别有 C_6^2 和 C_7^2,可组成一个凸四边形(即内角没有大于 $180°$ 的四边形),其对角线在四边形内恰有一个交点,当这些交点不重合时,所求交点个数最多,故交点最多有 $C_6^2 \times C_7^2 = 15 \times 21 = 315$(个).

【答案】A

考点四　排列问题

(一)　分成两排排列

1. 必备知识点

当若干人在两排座位中选取座位时,由于座位分成两排排列,解题方向有如下两个关键点:

(1)如果题干条件中要求某两人不能相邻,那么需要分两人在同一排和两人不在同一排分情况讨论. 在同一排时使用插空法保证不相邻,不在同一排时自动满足不相邻,直接排列.

(2)对于其他没有特殊位置要求的人,若他们的座位顺序有区别,也要进行排列.

2. 典型例题

【例题1】前后两排共有 8 个座位,每排 4 个,要求甲、乙坐在前排,丙坐在后排,则共有(　　)种座位安排方法.

A. 24　　　　B. 30　　　　C. 48　　　　D. 56　　　　E. 60

【解析】第一步:甲、乙从前排 4 个座位中任选 2 个后有序入座,方法数为 $C_4^2 \times A_2^2 = 12$(种).

第二步:丙从后排 4 个座位中任选一个入座,方法数为 $C_4^1 = 4$(种).

根据乘法原理,安排座位方法数共有 $12 \times 4 = 48$(种).

【答案】C

【例题2】有两排座位,前排 6 个座位,后排 7 个座位. 若安排 2 人就座,规定此 2 人始终不能相邻而坐,则不同的坐法有(　　)种.

A. 92　　　　B. 124　　　　C. 134　　　　D. 119　　　　E. 109

【解析】根据题意作图如图 8-2 所示,要求两人入座并且不能相邻,需要分情况讨论.

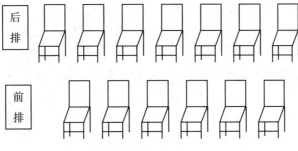

图 8-2

情况①:一个人坐前排,另一人坐后排,自动满足不相邻要求,方法数为 $C_6^1 \times C_7^1 \times A_2^2 = 84$.

情况②：两人同时坐前排，由于要求不相邻，故采用插空法. 前排 6 个位置中 2 个不能相邻的座位分别坐两人，其余 4 个没有位置要求. 根据插空法公式可得选座位方法数为 $C_{4+1}^2 = C_5^2$，两个人位置可以互换，还需要再乘以 A_2^2 全排列，故情况②的方法总数为 $C_5^2 \times A_2^2 = 20$.

情况③：两人同时坐后排，由于要求不相邻，故采用插空法. 后排 7 个位置中 2 个不能相邻的座位分别坐两人，其余 5 个没有位置要求. 根据插空法公式可得选座位方法数为 $C_{5+1}^2 = C_6^2$，两个人位置可以互换，还需要再乘以 A_2^2 全排列. 故情况③的总方法数为 $C_6^2 \times A_2^2 = 30$.

根据加法原理，不同的坐法有 $84+20+30 = 134($种$)$.

【答案】C

考点五 分情况讨论

当题目中有特殊要求的元素存在时，往往必须通过分情况讨论才能解决问题，下面是四种最常见的需要分情况讨论的题目类型：

（一）双重功能元素

若备选的元素中有元素同时具备两个功能，就称为双重功能元素，此时需要对该元素作为功能 1 使用的情况和作为功能 2 使用的情况分别讨论. 如果排列中并未要求一定选取所有元素，也需要对双重功能元素是否能被选中分情况进行讨论. 总而言之，出现双重功能元素意味着题目考查的核心在于考生分情况讨论的能力，需要不错不重不漏地进行讨论.

【例题 1】7 位同学参加朗诵比赛，有 3 个同学可以表演法语朗诵节目，3 个同学可以表演英语朗诵节目，有 1 个同学既可以朗诵法语，也可以朗诵英语. 若 7 个节目中，没有两个法语节目相邻，也没有两个英语节目相邻，则上场顺序一共有（　　）种.

A.30　　　　B.288　　　　C.64　　　　D.90　　　　E.120

【解析】题目中既可以朗诵法语，也可以朗诵英语的同学为双重功能元素，所以要分该元素朗诵英语和朗诵法语两种情况讨论：

情况①：双重功能元素朗诵法语，此时双重功能元素与只会表演法语节目的元素没有区别，题目变为 4 个法语节目，3 个英语节目进行排列，由于相同的节目不能相邻，故只能是法语和英语相间的排列方式，而其中法语和法语之间，以及英语和英语之间位置不同有区别，需要分别进行全排列，故情况①中上场顺序有 $A_3^3 \times A_4^4 = 144($种$)$ 可能性.

情况②：双重功能元素朗诵英语，此时双重功能元素与只会表演英语节目的元素没有区别，题目变为 3 个法语节目，4 个英语节目进行排列. 由于相同的节目不能相邻，故只能是法语和英语相间的排列方式，而其中法语和法语之间，以及英语和英语之间位置不同有区别，需要分别进行全排列，故情况②中上场顺序有 $A_4^4 \times A_3^3 = 144($种$)$.

根据加法原理可知，上场顺序有一共有 $144+144 = 288($种$)$ 可能.

【答案】B

（二）　一个元素有位置要求（不全选时）

1.必备知识点

本考点题目中不仅有一个具有特殊位置要求的元素存在（一般为要求必须或不能处于某位置），并且不是选取全部元素一起排列，因此需要分"特殊位置要求元素被选中"和"特殊位置要求元素未被选中"两种情况讨论，具体区别见以下两例：

1）全部选中时

【举例】7个不同的文艺节目要编成一个节目单，如果有一个独唱节目一定不能排在第二个节目的位置上，则共有（　　）种不同的排法.

A.720　　　　B.4320　　　　C.2160　　　　D.144　　　　E.1440

【解析】要求独唱节目不能排在第二个位置上，同时由于7个节目均要参加排列，所以该节目一定会被选中，不需要分情况讨论，分步计算，优先安排特殊要求元素即可.

第一步：优先安排有特殊要求元素，在除去第二个位置后剩余的6个位置中任选一个，有C_6^1种方法.

第二步：安排其余元素，将剩余6个节目全排列，方法数为A_6^6.

根据乘法原理，一共有$C_6^1 \times A_6^6 = 4320$（种）不同排法.

【答案】B

2）不全选时

【举例】从7个不同的文艺节目中选5个编成一个节目单，如果有一个独唱节目一定不能排在第二个节目的位置上，则共有（　　）种不同的排法.

A.2060　　　　B.2080　　　　C.2120　　　　D.2160　　　　E.2180

【解析】**思路一**：分情况讨论.

题目要求独唱节目不能排在第二个，为具有特殊位置要求的元素；并且7个节目中只选择5个出演，因此需要分"特殊位置要求元素被选中"和"特殊位置要求元素未被选中"两种情况讨论：

情况①：节目单中选中独唱节目.

第一步：独唱节目为有特殊要求元素，优先安排，即在除去第二个位置后剩余的4个位置中任选一个，有C_4^1种方法.

第二步：从剩余的6个节目选出4个有顺序地放在剩下4个位置中，有$C_6^4 \times A_4^4$（种）方法.

根据乘法原理，情况共有$C_4^1 \times C_6^4 \times A_4^4 = 1440$（种）方法.

情况②：未选中独唱节目.此时所有剩余6个节目均无特殊位置要求，从中任选出5个全排列即可，共有$C_6^5 \times A_5^5 = 720$（种）方法.

根据加法原理可得，共有1440+720=2160（种）不同的排法.

思路二：占位法.

当仅有一个特殊位置要求的元素时，也可以采用占位法，即先从无特殊位置要求的元素中选出一个占据第二个节目的位置，此时独唱节目已不可能再排入第二个位置，故

可将剩余的元素以标准方法选择和排列.具体解法如下:

第一步:从无特殊位置要求的 6 个节目中选择一个节目放入节目单第二个位置,共有 C_6^1(种)方法;

第二步:此时有特殊位置要求的独唱节目等同于其他元素,从剩余的 6 个节目任选 4 个进行全排列,共有 $C_6^4 \times A_4^4 = A_6^4$(种)方法.

根据乘法原理可得,共有 $C_6^1 \times A_6^4 = 2160$(种)方法

【答案】D

2.典型例题

【例题 2】用 0,1,2,3,4,5 这六个数字组成没有重复数字的四位数,满足其中千位数字小于百位数字,且百位数字小于十位数字的四位数的个数是(   ).

A. 30   B. 40   C. 48   D. 60   E. 72

【解析】当百位、十位选到 0 的时候,就不能满足千位<百位<十位的要求;且要求四位数首位(即千位)不能取 0(否则就不是四位数而是三位数).因此千位、百位、十位均不能取 0,0 仅可能在个位中取得,当个位取 0 时,自动满足其余三位不为 0 的要求,当个位未取 0 时,需要额外限制其余三位不为 0.故分个位取 0 和未取 0 两种情况讨论.

情况①:个位取 0.

此时千位、百位、十位可以在剩余的五个数中任选,并且顺序固定,属于局部元素定序,需要消序,故情况①方法数为 $\dfrac{A_5^3}{A_3^3} = 10$(种).

情况②:个位未取 0.

个位数未取 0,意味着个位在 1~5 中任取 1 个,方法数为 $C_5^1 = 5$(种).

由于千位、百位,十位均不能取 0,意味着这三位只能在剩余的 4 个数字中选取 3 个,且位置顺序固定,属于局部元素定序,需要消序,方法数为 $\dfrac{A_4^3}{A_3^3} = 4$(种).

根据乘法原理,情况②方法数共有 5×4=20(种).

根据加法原理,满足要求的四位数总共有 10+20=30(种).

【答案】A

(三) 两个元素有位置要求

当两个元素有位置限制时,第一个特殊元素的占位可能会影响第二个特殊元素的占位环境(如恰好元素一占住元素二不能排入的位置,则元素二的占位要求将自动满足)因此需要分情况讨论.

【例题 3】

(1)7 位同学站成一排,共有多少种不同的排法?

(2)7 位同学站成一排,其中甲站在正中间的位置,共有多少种不同的排法?

(3)7 位同学站成一排,甲、乙只能站在两端,共有多少种不同的排法?

(4)7 位同学站成一排,甲、乙不能站在排头和排尾,共有多少种不同的排法?

(5)7 位同学站成一排,若甲不在排头、乙不在排尾,共有多少种不同的排法?

【解析】(1)7 个元素全排列:$A_7^7=5040$(种)排法.

(2)甲位置固定,不参与排列,余下 6 个元素全排列:$A_6^6=720$(种)排法.

(3)甲、乙排头排尾位置顺序可互换,方法数为 A_2^2,其余 5 个元素无特殊要求,A_5^5 全排列,根据乘法原理,共有 $A_2^2 \times A_5^5=240$(种)排法.

(4)从除过排头和排尾余下的五个位置中有序地排入甲、乙,方法数为 A_5^2,其余 5 个元素无特殊要求,A_5^5 全排列,根据乘法原理,共有 $A_5^2 \times A_5^5=2400$(种)排法.

(5)**思路一**:正向求解:以甲的位置作为分类标准,排队方案可分为两类:

方案①:甲恰好在排尾时,乙不可能再在排尾,故此时乙的位置要求自动满足,即其余 6 人可以在前 6 个位置任意排列,共有 $A_6^6=720$(种)排法.

方案②:甲不在排尾时,由于要求甲亦不能在排头,故此时甲只能从中间 5 个位置中任选一个站入,方法数为 C_5^1(种).此时乙可在除排尾及甲站位外的 5 个位置中任选站入,方法数为 C_5^1(种);最后将剩余的 5 人用 A_5^5 全排列,根据乘法原理,共有 $C_5^1 \times C_5^1 \times A_5^5=3000$(种)排法.

思路二:逆向思维法,从所有可能的排法中除去不符合题干要求的即为要求的结果.

所有可能的排法为 A_7^7;甲确定在排头的排法为 A_6^6;乙确定在排尾的排法为 A_6^6;甲在排头且乙在排尾的排法为 A_5^5,这种情况在总排法减去甲在排头和乙在排尾时被重复减去,故需要加上.满足要求的排法共有 $A_7^7-A_6^6-A_6^6+A_5^5=3720$(种).

（四）多色涂色问题

本类出题形式为给定多个区域,要求用不同颜色涂色,且有颜色相邻或不相邻要求,一般涂色步骤为从左向右、从上至下依次填涂,每次填涂时仅依次保证本区域与前序相邻区域不同色即可,其余未填涂的区域不用考虑.

1)带状区域依次涂色

若涂色区域为带状区域,则根据题目要求依次涂色,保证后一种颜色与在它之前所涂相邻的区域颜色不同即可.

【例题 4】如图 8-3 所示,有 5 块板子连成长条,用 5 种颜色来涂,要求相邻的两块的颜色不能相同,则不同的涂色方案共有多少种?（　　　）

A. 120　　　　B. 240　　　　C. 480　　　　D. 960　　　　E. 1280

| 1 | 2 | 3 | 4 | 5 |

图 8-3

【解析】由左至右依次涂色,共分为以下五步:

第一步:第 1 块木板可从 5 个颜色中任选,有 C_5^1 种方法;

第二步:第 2 块木板与第 1 块相邻,颜色不能相同,故只有 4 种颜色可选,有 C_4^1 种方法;

第三步:第 3 块木板与第 2 块相邻,颜色不能相同,故有 4 种颜色可选(由于它与第

一块木板不相邻,故颜色可能相同),有 C_4^1 种方法;

第四步:第4块木板与第3块相邻,颜色不能相同,有4种颜色可选,有 C_4^1 种方法;

第五步:第5块木板与第4块相邻,颜色不能相同,有4种颜色可选,有 C_4^1 种方法.

根据乘法原理,不同涂色方案共有 $C_5^1 \times C_4^1 \times C_4^1 \times C_4^1 = 1280($种$)$.

【答案】E

【例题5】如图8-4所示,用5种不同的颜色给图中①②③④各部分涂色,每部分只涂1种颜色,要求相邻的2部分颜色不能相同,则不同的涂色方案共有多少种?(　　)

A. 60　　　　B. 120　　　　C. 240　　　　D. 480　　　　E. 128

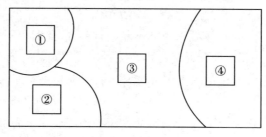

图 8-4

【解析】由左至右依次涂色,共分为以下四步:

第一步:第1块区域可以从5个颜色中任选,有 C_5^1 种方法.

第二步:第2块区域与第1块相邻,颜色不能相同,有4种颜色可选,有 C_4^1 种方法.

第三步:第3块区域与第1,2块均相邻,颜色不能相同,故只有3种颜色可选,有 C_3^1 种方法.

第四步:第4块区域仅与第3块相邻,颜色不能相同,有4种颜色可选,有 C_4^1 种方法.

根据乘法原理,不同涂色方案共有 $C_5^1 \times C_4^1 \times C_3^1 \times C_4^1 = 240$ 种.

【答案】C

2)环形区域分情况讨论

当有两个区域与多个区域均相邻,且这两个区域互不相邻时,需要按照此不相邻区域同色或不同色分情况讨论.

【例题6】用5种颜色涂在如图8-5所示的4个区域内,每个区域涂1种颜色,相邻2个区域涂不同的颜色,那么共有(　　)种不同的涂色方法.

A. 286　　　　B. 240　　　　C. 260　　　　D. 320　　　　E. 280

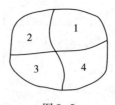

图 8-5

【解析】对于依次相接的环形区域,将区域1涂色后,区域2,4仅分别要求与区域1不同色即可,因此它们可能同色也可能不同色.当区域2,4同色时,区域3只需与这个相同的颜色不同色即可,有 4 种颜色备选;而当区域 2,4 不同色时,区域 3 要求与区域 2,4 颜色均不同,仅有 3 种颜色备选,因此需要分区域 2,4 同色与不同色两种情况讨论.

第一步:从 5 种颜色中任选 1 种给区域 1 涂色,共有 C_5^1 种选法.

第二步:分情况讨论:

情况①:区域 2,4 同色.

要求区域 2,4 均与区域 1 不同色,共有 C_4^1 种选法;区域 3 与同色的区域 2,4 均相邻,即有 4 种颜色可选,有 C_4^1 种选法,根据乘法原理,结合第一步,情况①共有 $C_5^1 \times C_4^1 \times C_4^1 = 80$(种)不同的涂色方法.

情况②:区域 2,4 不同色.

即有顺序地从剩余的 4 种颜色中选出两种,涂在区域 2,4,有 $C_4^2 \times A_2^2$ 种涂法;区域 3 与不同色的 2,4 相邻,即从除区域 2,4 颜色之外的 3 种颜色中选 1 色填涂,有 C_3^1 种选法,根据乘法原理,结合第一步,情况②共有 $C_5^1 \times C_4^2 \times A_2^2 \times C_3^1 = 180$(种)不同的涂色方法.

涂色过程分 2 步完成使用乘法原理,第二步中分情况讨论使用加法原理,故一共有 $80+180=260$(种)不同的涂色方法.

【说明】同样地,本题也可以看作 1,3 这两个区域与区域 2,4 均相邻,且区域 1,3 互不相邻,因此亦可以分区域 1,3 同色与区域 1,3 不同色两种情况讨论,得出结果将相同.

【答案】C

考点六　二项式定理

二项式定理的问题,就是求 $(ax+b)^n$ 或者 $(a+b)^n$ 中某一项的系数的问题.

1.必备知识点

二项式定理的展开公式:
$$(x+1)^n = C_n^0 x^n + C_n^1 x^{n-1} + \cdots + C_n^r x^{n-r} + \cdots + C_n^n$$
$$(a+b)^n = C_n^0 a^n + C_n^1 a^{n-1} b + \cdots + C_n^r a^{n-r} b^r + \cdots + C_n^n b^n$$
第 1 项　第 2 项　　第 $r+1$ 项　第 $n+1$ 项

$(a+b)^n$ 的二项展开式的通项公式:第 $r+1$ 项 $T_{r+1} = C_n^r a^{n-r} b^r$,其中 C_n^r 称为二项式系数,它表示为从 n 个 $(a+b)$ 中拿出 r 个 b 的组合数.

二项展开式系数的性质:

对称性:与首末两端等距离的两项的二项式系数相等,即
$$C_n^0 = C_n^n, C_n^1 = C_n^{n-1}, \cdots, C_n^k = C_n^{n-k},$$

最大值:当 n 为偶数时,中间的一项的二项式系数取得最大值.

当 n 为奇数时,中间的两项的二项式系数相等,且同时取得最大值.

系数之和:展开后所有项系数之和为 2^n,即
$$C_n^0 + C_n^1 + C_n^2 + \cdots + C_n^k + \cdots + C_n^n = 2^n.$$

奇数项系数之和与偶数项系数之和相等,分别等于 2^{n-1},即
$$C_n^0 + C_n^2 + \cdots + C_n^{2r} + \cdots = C_n^1 + C_n^3 + \cdots + C_n^{2r+1} + \cdots = 2^{n-1}.$$

2.典型例题

【例题 1】求 $(x+1)^{100} + (x+2)^{101} + (2x+1)^{102}$ 的 x^5 项的系数为(　　).

A. $C_{101}^5+C_{101}^5\times2^5+C_{102}^5\times2^{95}$ B. $C_{100}^5+C_{101}^5\times2^5+C_{102}^5\times2^5$

C. $C_{100}^5+C_{101}^5\times2^{96}+C_{102}^5\times2^5$ D. $C_{100}^5+C_{101}^5\times2^{96}+C_{102}^5\times2^{96}$

E. $C_{100}^5+C_{101}^5+C_{102}^5$

【解析】$(x+1)^{100}$ 展开式中含 x^5 的项为 $C_{100}^5\times x^5\times1^{95}$，所以 x^5 的系数为 C_{100}^5.

$(x+2)^{101}$ 展开式中含 x^5 的项为 $C_{101}^5\times x^5\times2^{96}$，所以 x^5 的系数为 $C_{101}^5\times2^{96}$.

$(2x+1)^{102}$ 展开式中含 x^5 的项为 $C_{102}^5\times(2x)^5\times1^{97}$，所以 x^5 的系数为 $C_{102}^5\times2^5$.

故最终的系数为三项之和为 $C_{100}^5+C_{101}^5\times2^{96}+C_{102}^5\times2^5$

【答案】C

考点七　循环赛问题

1.必备知识点

循环赛问题需要记住以下结论：

1）n 名选手进行单循环比赛：共需比赛 C_n^2 场，其中每位选手比赛 $n-1$ 场.

2）n 名选手进行双循环比赛，每两名选手之间赛两场，则共比赛 $2C_n^2=n(n-1)$ 场，其中每名选手需比赛 $2(n-1)$ 场.

2.典型例题

【例题1】在某次乒乓球单打比赛中，先将 8 名选手等分为 2 组进行小组单循环赛. 若一位选手只打了 1 场比赛后因故退赛，则小组赛的实际比赛场数是（　　）

A.24   B.19   C.12   D.11   E.10

【解析】8 名选手分 2 组，每组 4 名，小组内单循环，则每组内有 $C_4^2=6$ 场比赛，两组共 $2\times6=12$ 场比赛.一名选手打了一场比赛后退赛，即少了 2 场比赛，总计实际比赛场次为 $12-2=10$.

【答案】E

模块二　习题自测

1. 某单位为检查 3 个部门的工作,由这 3 个部门的主任和外聘的 3 名人员组成检查组,分 2 人一组检查工作,每组有 1 名外聘成员,规定本部门主任不能检查本部门,则不同的 安排方式有(　　).

  A. 6 种   B. 8 种   C. 12 种   D. 18 种   E. 36 种

2. 某单位为检查 3 个部门的工作,由这 3 个部门的主任和 4 名外聘人员组成检查组,分为 至少 2 人一组检查工作,每组包含 1 名主任和至少 1 名外聘成员,规定本部门主任不能 检查本部门,则不同的安排方式有(　　).

  A. 12 种   B. 24 种   C. 36 种   D. 72 种   E. 144 种

3. 设有编号为 1,2,3,4,5,6 的 6 个小球和编号为 1,2,3,4,5,6 的 6 个盒子,现将这 6 个 小球放入这 6 个盒子内,要求每个盒子内放 1 个小球,且恰好有 2 个球的编号与盒子的 编号相同,则这样的投放方法总数为(　　)种.

  A. 20   B. 30   C. 45   D. 60   E. 135

4. 编号为 1,2,3,4,5 的 5 人,入座编号为 1,2,3,4,5 的 5 个座位,至多有 2 人对号的方法 有(　　)种.

  A. 103   B. 105   C. 106   D. 107   E. 109

5. 某工匠要在一圆桌的边缘均匀的安装 5 个大小相同图案不同的装饰性铜扣,则可能的 安装效果有(　　)种.

  A. 24   B. 48   C. 56   D. 96   E. 120

6. 三角形没有对角线,凸四边形有 2 对角线,凸五边形有 5 条对角线,凸六边形有 9 条对 角线,以此类推,凸 100 边形有(　　)条对角线.

  A. $\dfrac{100 \times 97}{2}$ B. $\dfrac{101 \times 100}{2}$ C. $\dfrac{100 \times 99}{2}$ D. $\dfrac{100 \times 98}{2}$ E. $\dfrac{101 \times 99}{2}$

7. 9 人排成前后 2 排,前排站 4 人,后排站 5 人,其中甲、乙站在前排,丙站在后排,则共有 (　　)种座位安排方法.

  A. 60   B. 240   C. 480   D. 43200   E. 8640

8. 有两排座位,前排 6 个座位,后排 7 个座位. 若安排 2 人就座,规定前排正中间 2 个座位 不能坐,且此 2 人始终不能相邻而坐,则不同的坐法有(　　)种.

  A. 92   B. 93   C. 94   D. 95   E. 96

9. 在一次演唱会上共 10 名演员,其中 8 人能唱歌,5 人会跳舞,现要演出一个 2 人唱歌 2 人伴舞的节目,有(　　)种选派方法.

    A. 198   B. 199   C. 200   D. 201   E. 202

10. 有 9 张卡片,分别写着 0~8 这 9 个阿拉伯数字,现从中任取 3 张排成 1 个 3 位数,其中 6 既可以当 6 用,也可以当 9 用,且 0 不能在首位,一共可以组成多少个不同的 3 位数?(　　)

    A. 602   B. 604   C. 606   D. 608   E. 610

11. 将 5 列车停在 5 条不同的轨道上,要求 A 列车不能停在第一轨道上,B 列车不能停在第二轨道上,那么不同的停放方法有(　　).

    A. 120 种   B. 96 种   C. 78 种   D. 72 种   E. 60 种

12. 如图 8-6 所示,用 4 种颜色对图中 5 块区域进行涂色,每块区域涂 1 种颜色,且相邻的 2 块区域颜色不同,不同的涂色方法有(　　)种.

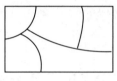

图 8-6

    A. 12   B. 24   C. 32   D. 48   E. 96

13. 用 5 种颜色来涂如图 8-7 所示图形,要求相邻的两块颜色不能相同,则不同的涂色方案共有多少种?(　　)

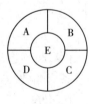

图 8-7

    A. 486   B. 440   C. 460   D. 420   E. 480

14. $(x+2y)^5$ 的展开式中第 4 项是(　　).

    A. $80x^2y^3$ B. $40x^2y^3$ C. $80x^3y^2$ D. $40x^3y^2$ E. $5x^2y^3$

15. $(x+1)^{2021}$ 的所有包含 x 的项的系数之和为(　　).

    A. 2^{2021} B. $2^{2020}-1$ C. $2^{2022}-1$ D. $2^{2021}+1$ E. $2^{2021}-1$

16. (条件充分性判断)12支篮球队进行单循环比赛,完成全部比赛共需11天.
    (1)每天每队只比赛1场.   (2)每天每队只比赛2场.

习题详解

1. 【答案】C

【解析】本题要求分配主任和外聘人员检查岗位,其中本部门主任不能检查本部门,则是需要考虑错位重排的元素,3外聘成员分配到3个组,属于分堆分配问题. 故解题分2步:

第一步:分配3名主任,属于3对元素错位重排,即 $D_3=2$,共2种方案;

第二步:将3名外聘人员分配到3个部门,每个部门恰好1人,分配方法数为 A_3^3.

根据乘法原理,总安排方法数为 $2 \times A_3^3 = 2 \times 6 = 12$.

2. 【答案】D

【解析】本题要求分配主任和外聘人员检查岗位,其中本部门主任不能检查本部门,是需要考虑错位重排的元素,4名外聘成员分配到3组,属于分堆分配问题. 故解题分2步:

第一步:分配3名主任,属于3对元素错位重排,即 $D_3=2$,共2种方案.

第二步:将4名外聘人员分配到3个部门,每个部门至少有1个,属于先分堆再分配问题,即将4名外聘人员分为 $1+1+2$ 三堆,再全排列分配,方法数为 $\dfrac{C_4^2 \times C_2^1 \times C_1^1}{A_2^2} \times A_3^3 = 36$.

根据乘法原理,总安排方法数为 $2 \times 36 = 72$.

3. 【答案】E

【解析】要求恰好2个小球对号,同时也意味着要求剩余的4个小球必须不对号,先处理要求对号的小球,再将要求不对号的小球错位重排. 投放分为2步:

第一步:从6个球中选出2个,共有 $C_6^2 = 15$(种)选法,将它们投入编号相同的盒子中.

第二步:剩下4个球要求都与盒子编号不同,属于4对元素的错位重排问题,共有 $D_4 = 9$(种)方法.

根据乘法原理,共有 $15 \times 9 = 135$(种)方法.

4. 【答案】E

【解析】本题要求至多有2人对号入座,则包含以下3种可能情况:

情况①:5人均不对号入座,属于5个元素的错位重排问题,方法数为 $D_5 = 44$.

情况②:4人不对号入座,1人对号入座,方法数为 $C_5^1 \times D_4 = 5 \times 9 = 45$.

情况③:3人不对号入座,2人对号入座,方法数为 $C_5^2 \times D_3 = 10 \times 2 = 20$.

根据加法原理,总方法数为 $20 + 45 + 44 = 109$.

【拓展】如果本题求至少有3个人对号入座的方法,应该有多少种?(答:$C_5^3 \times D_2 + C_5^4 \times D_1 + 1 = 11$ 种.)

5. 【答案】A

【解析】根据 n 个不同的元素围成一个圈有 $(n-1)!$ 种情况,可得共有 $(5-1)! = 24$ 种.

6. 【答案】A

【解析】**思路一**:凸100边形有100个顶点,任意2个顶点之间的连线有 C_{100}^2 条,其中

100 条是边,其余连线为对角线,故共有 $C_{100}^2 - 100 = \frac{100 \times 99}{2} - 100 = \frac{100 \times 97}{2}$ 条对角线.

思路二:归纳法.每个顶点与其他 $n-1$ 个顶点有 $n-1$ 条连线,但这 $n-1$ 条线里有两条是边,其余的 $n-3$ 条是对角线,故 n 个顶点可连出 $n(n-3)$ 条对角线.其中每条对角线被重复计算了 2 次,故需要除以 2,即凸 n 边形共有 $\frac{n \times (n-3)}{2}$ 条对角线,凸 100 边形有 $\frac{100 \times 97}{2}$ 条对角线.

7.【答案】D

【解析】第一步:甲、乙从前排的 4 个位置中选 2 个有序站定,方法数为 $C_4^2 \times A_2^2 = 12$（种）;

第二步:丙从后排的 5 个位置中选 1 个站定,方法数为 $C_5^1 = 5$（种）;

第三步:余下的没有特殊位置要求的 6 个人站位顺序有区别,也要排列,方法数为 $A_6^6 = 720$（种）.

根据乘法原理,总排法为 $12 \times 5 \times 720 = 43200$（种）.

8.【答案】C

【解析】根据题意画示意图如图 8-8 所示,由于前排正中间 2 个位置不能坐,所以可坐的椅子被分为了 3 个区域.两人不能相邻,所以不可能同时在区域1,也不能同时在区域2.根据两人坐的区域分情况讨论:

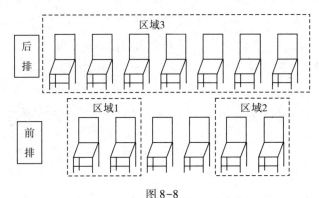

图 8-8

情况①:2 人分别坐在区域 1 和区域 3,方法数为 $C_2^1 \times C_7^1 \times A_2^2 = 28$（种）.

情况②:2 人分别坐在区域 2 和区域 3,方法数为 $C_2^1 \times C_7^1 \times A_2^2 = 28$（种）.

情况③:2 人分别坐在区域 1 和区域 2,方法数为 $C_2^1 \times C_2^1 \times A_2^2 = 8$（种）.

情况④:2 人均坐在区域 3,使用插空法.7 个位置中 2 个不能相邻的座位坐 2 人,其余 5 个没有位置要求.根据插空法公式可得选座位方法数为 $C_{5+1}^2 = C_6^2$,2 个人位置可以互换,还需要再乘以 A_2^2 全排列.故情况④的方法总数有 $C_6^2 \times A_2^2 = 30$（种）.

根据加法原理,不同的坐法有 $28 + 28 + 8 + 30 = 94$（种）.

9.【答案】B

【解析】由于 10 名演员中 8 人能唱歌,5 人能跳舞,说明有 $5 + 8 - 10 = 3$ 人既能唱歌又能跳舞,这 3 人为双重功能元素;同时意味着余下的 7 个人里,5 个人只能唱歌,2 个人仅

能跳舞.以唱歌组选中几个双重功能元素为分类标准:

情况①:唱歌的2人均选自双重功能元素,方法数为C_3^2,此时剩下一个双重功能元素等同于只会跳舞的人,与仅能跳舞的两人相加得3个跳舞的人备选,从中选出2人,方法数为C_{2+1}^2.根据乘法原理,情况①方法数为$C_3^2 \times C_{2+1}^2 = 9$种.

情况②:唱歌的2人中有1人为双重功能元素,方法数为C_3^1;另1人从仅能唱歌的5人中任选1位,方法数为C_5^1;未被选中的2个双重功能元素此时等同于只会跳舞的人,与仅能跳舞的2人相加得4个跳舞的人备选,从中选出2人,方法数为C_{2+2}^2.根据乘法原理,情况②方法数为$C_3^1 \times C_5^1 \times C_{2+2}^2 = 90$.

情况③:唱歌的选中0个双重功能元素,即仅从只会唱歌的5人中选取,方法数为C_5^2;此时3个双重功能元素等同于只会跳舞的人,与仅能跳舞的2人相加得5个跳舞的人备选,从中选出2人,方法数为C_{2+3}^2.根据乘法原理,情况③方法数为$C_5^2 \times C_{2+3}^2 = 100$.

根据加法原理,共有$9+90+100=199$(种)选派方法.

10.【答案】A

【解析】由于0不能在首位,属于有特殊位置要求的元素.由于6可以作为6本身使用,也可以当9用,属于双重功能元素.同时9个数字中仅取3个,因此要分0和6两个特殊元素分别被选中和不被选中的4种情况讨论如下:

情况①:双重功能元素6被选中,有特殊位置要求的0亦被选中.
意味着选取的3张中1张为6,一张为0,再从剩余的7张里面任选1个,方法数为C_7^1;由于0不能作为首位,所以要在其他2个数字中任选1个作为首位,方法数为C_2^1,剩余2个数字全排列作为个位和十位,方法数为A_2^2.此时共有$C_7^1 \times C_2^1 \times A_2^2$种方法.最后由于6可以当9用,结果要乘以2,故一共可以组成$C_7^1 \times C_2^1 \times A_2^2 \times 2 = 56$(个)不同的3位数.

情况②:双重功能元素6被选中,而有特殊位置要求的0未被选中.
意味着需要再从剩余的7张中选2张,与已选定的6组成3位数,这3个数字全排可组成A_3^3个不同的3位数,又由于6可以当9用,结果要乘以2.故共有不同的3位数$C_7^2 \times A_3^3 \times 2 = 252$(个).

情况③:双重功能元素6未被选中,而有特殊位置要求的0被选中.
意味着需要再从剩下7张中选2张,与已选定的0组成3位数,有C_7^2种选法.采用占位法,从非0的2个数字任选1个作为首位,剩余2个数字全排列作为个位和十位,方法数为$C_2^1 \times A_2^2$.由乘法原理可得,共有不同的3位数$C_7^2 \times C_2^1 \times A_2^2 = 84$个.

情况④:双重功能元素6和有特殊位置要求的0均未被选中.
意味着需要从剩下的7张中选出3张,且它们均无特殊要求,全排列得共有$C_7^3 \times A_3^3 = 210$个不同的3位数

根据加法原理可得,共可组成$56+252+84+210=602$(个)不同的3位数.

11.【答案】C

【解析】**思路一**:正向求解:以A列车停放的位置作为分类标准,停车方案可分为两类:

方案①:A列车恰好停在第二轨道时,此时B列车的停放要求自动满足,即其余4

列车可以随意停放,方法数为 $A_4^4=24$(种).

方案②:A列车未停在第二轨道,且题目要求A列车不能停在第一轨道,故它停于除第一、第二轨道的其余3条轨道之一,方法数为 C_3^1;B列车可停在除第二轨道、A列车所停轨道以外的轨道,方法数为 C_3^1;其余列车无限制,A_3^3 全排列,故根据乘法原理,方案②中停放方法数为 $C_3^1 \times C_3^1 \times A_3^3=54$(种).

根据加法原理,不同的停放方法共有 $24+54=78$(种).

思路二:逆向思维法,从所有可能的排法中除去不符合题干要求的即为要求的结果.

所有可能的排法为 A_5^5;A列车确定在第一轨道的排法为 A_4^4;B列车确定在第二轨道的排法为 A_4^4;A列车在第一轨道且B列车在第二轨道的排法为 A_3^3,这种情况在所有可能排法减去A列车在第一轨道和B列车在第二轨道时被重复减去,故需要加上.满足要求的排法共有 $A_5^5-A_4^4-A_4^4+A_3^3=78$(种).

12.【答案】E

【解析】本题为多色涂色问题,如图8-9按照区域从左到右逐一填涂,最后采用乘法原理计算数值即可.将图中各封闭区域标号,由①至⑤依次涂色,共分为以下5步:

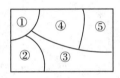

图8-9

第一步:区域①可以从4个颜色中任选,有 C_4^1 种方法;
第二步:区域②与①相邻,颜色不能相同,有3种颜色可选,有 C_3^1 种方法;
第三步:区域③与①、②均相邻,颜色不能相同,故只有2种颜色可选,有 C_2^1 种方法;
第四步:区域④与①、③块均相邻,颜色不能相同,有2种颜色可选,有 C_2^1 种方法;
第五步:区域⑤与③、④均相邻,颜色不能相同,有2种颜色可选,有 C_2^1 种方法.
根据乘法原理,不同涂色方案共有 $C_4^1 \times C_3^1 \times C_2^1 \times C_2^1 \times C_2^1=96$ 种.

13.【答案】D

【解析】自区域A开始从左向右、从上向下填涂,由图8-7可知,区域B,D均与区域A,E相邻,且区域B和区域D互不相邻,因此需要按照区域B,D同色,和区域B,D不同色的2种情况讨论:

第一步:给区域A涂色,5种颜色可以任选,共有 $C_5^1=5$(种)选择.

第二步:分情况讨论.

情况①:区域B,D同色.

要求区域B,D均不能与区域A同色,故有 C_4^1 种涂法.

区域E与区域A,B,D均相邻,其中区域A占用一种颜色,区域B,D占用同一种颜色,故从剩余的3种颜色中选一种给区域E填涂,有 C_3^1 种涂法.

区域C与区域B,D,E均相邻,其中区域E占用一种颜色,区域B,D占用同一种颜色,故从剩余的三种颜色中选一种给区域C填涂,有 C_3^1 种涂法.

根据乘法原理,情况①中不同的涂色方法共有 $C_4^1 \times C_3^1 \times C_3^1 = 36$(种).

情况②:区域 B,D 不同色.

要求区域 B,D 均不能与区域 A 同色,从剩余 4 种颜色中选出两种有序地给区域 B,D 填涂,有 $C_4^2 \times A_2^2$(种)涂法.

区域 E 与区域 A,B,D 均相邻,且要求与它们均不同色,此时只剩 2 种颜色可选,有 C_2^1(种)涂法.

区域 C 与区域 B,D,E 均相邻,且要求与它们均不同色,此时只剩 2 种颜色可选,有 C_2^1(种)涂法.

根据乘法原理,情况②中不同的涂色方法共有 $C_4^2 \times A_2^2 \times C_2^1 \times C_2^1 = 48$(种).

根据加法原理和乘法原理,不同的涂色方法共有 $5 \times (36+48) = 420$(种).

【拓展】如果使用 6 种颜色涂这 5 个区域,一共有多少种方法?(答:$C_6^1 \times (C_5^1 \times C_4^1 \times C_4^1 + C_5^2 \times A_2^2 \times C_3^1 \times C_3^1)$ 种.)

14.【答案】A

【解析】根据二项式定理可知,$(x+2y)^5$ 的展开式为:

$(x+2y)^5 = C_5^0 x^5 (2y)^0 + C_5^1 x^4 (2y)^1 + C_5^2 x^3 (2y)^2 + C_5^3 x^2 (2y)^3 + C_5^0 x^0 (2y)^5$,所以第 4 项为 $C_5^3 x^2 (2y)^3 = 80x^2 y^3$.

15.【答案】E

【解析】$(x+1)^{2021}$ 的二项展开式为:

$$C_{2021}^0 x^{2021} + C_{2021}^1 x^{2020} + C_{2021}^2 x^{2019} + \cdots + C_{2021}^{2019} x^2 + C_{2021}^{2020} x^1 + C_{2021}^{2021} x^0,$$

当 $x=1$ 时可取得所有项系数之和 $C_{2021}^0 + C_{2021}^1 + \cdots + C_{2021}^{2020} + C_{2021}^{2021} = (1+1)^{2021} = 2^{2021}$.

除了最后一项为常数项以外,其他项都包含 x,故所包含带 x 的项的系数之和为 $2^{2021} - C_{2021}^{2021} = 2^{2021} - 1$.

16.【答案】A

【解析】单循环赛制,是指所有参赛队在竞赛中均能相遇一次,即不完全相同的每两队赛一场. 故 n 名选手单循环比赛共需比赛 C_n^2 场,其中每位选手比赛 $n-1$ 场.

12 支篮球队单循环每队共要打 11 场比赛,故若要求 11 天完成,则每队每天恰好只能比赛 1 场. 因此条件(1)充分,条件(2)不充分.

第九章　　　　概　率

模块一　考点剖析

考点一　抽签、尝试密码

1.必备知识点

抽签法适用场景:取出后不放回. 每次抽取所面临的情况随前面抽取结果的不同而不同,即抽过的奖券或猜过的数字不会再次取到.

本考点主要解题技巧归纳如下:

【抽签技巧1】第 1 次抽中的概率=第 2 次抽中的概率=第 k 次抽中的概率=$\dfrac{\text{有奖票数}}{\text{总奖票数}}$.

【抽签技巧2】多个人抽奖,每个人中奖的概率均等于$\dfrac{\text{有奖票数}}{\text{总奖票数}}$.

多人一起抽和按照任何顺序依次抽,每个人中奖的概率均相同,与抽取顺序无关.

【抽签技巧3】单张有奖,前 k 次之内抽中的概率,等于第一次抽中的概率乘以 k.

【说明】技巧1与技巧2可同时适用一张或多张奖券有奖,而技巧3仅适用于一张奖券有奖的情况.

当仅一张有奖时,第 1 次抽中的概率=第 k 次抽中的概率=[恰]第 k 次抽中的概率=第 k 次才抽中的概率.

当多张有奖时,第 k 次抽中包含互斥的多种情况,为其概率和,[恰]第 k 次抽中=第 k 次才抽中,是诸多互斥情况中的一种(详见举例2).

【举例1】10 张奖券,1 张一等奖,9 张二等奖,求中一等奖的概率.（仅单张有奖）

$P(\text{第一次抽中一等奖})=\dfrac{1}{10}$;

$P(\text{第二次抽中一等奖})=P(\text{第一次抽中二等奖})\times P(\text{第二次抽中一等奖})=\dfrac{9}{10}\times\dfrac{1}{9}=\dfrac{1}{10}$;

$P(\text{第三次抽中一等奖})=P(\text{第一次抽中二等奖})\times P(\text{第二次抽中二等奖})\times P(\text{第三次抽中一等奖})=\dfrac{9}{10}\times\dfrac{8}{9}\times\dfrac{7}{8}=\dfrac{1}{10}$.

【举例2】10 张奖券,3 张一等奖,7 张二等奖,求抽中二等奖的概率.（多张有奖）

$P(\text{第一次抽中二等奖})=\dfrac{7}{10}$;

P(第二次抽中二等奖) = P(一等奖) × P(二等奖) + P(二等奖) × P(二等奖)

$$= \frac{3}{10} \times \frac{7}{9} + \frac{7}{10} \times \frac{6}{9} = \frac{21}{90} + \frac{42}{90} = \frac{7}{10};$$

第三次抽中二等奖,分以下4种情况讨论.

情况①: P(一等奖) × P(一等奖) × P(二等奖) = $\frac{3}{10} \times \frac{2}{9} \times \frac{7}{8} = \frac{42}{720}$,

情况②: P(一等奖) × P(二等奖) × P(二等奖) = $\frac{3}{10} \times \frac{7}{9} \times \frac{6}{8} = \frac{126}{720}$,

情况③: P(二等奖) × P(一等奖) × P(二等奖) = $\frac{7}{10} \times \frac{3}{9} \times \frac{6}{8} = \frac{126}{720}$,

情况④: P(二等奖) × P(二等奖) × P(二等奖) = $\frac{7}{10} \times \frac{6}{9} \times \frac{5}{8} = \frac{210}{720}$,

所以 P(第三次抽中二等奖) = $\frac{45}{720} + \frac{126}{720} + \frac{126}{720} + \frac{210}{720} = \frac{7}{10}$.

其中 P(一等奖) × P(二等奖) = $\frac{3}{10} \times \frac{7}{9} = \frac{21}{90}$ 属于"恰第二次抽中二等奖"的情况.

P(一等奖) × P(一等奖) × P(二等奖) = $\frac{42}{720}$ 属于"恰第三次抽中二等奖"的情况.

2.典型例题

【例题1】某装置的启动密码是0到9中的1个数字,连续3次输入错误密码,就会导致该装置永久关闭,试计算:(1)输入1次就猜中的概率;(2)第2次才猜中的概率;(3)第3次才猜中的概率.(   )

A. $\frac{1}{10}$, $\frac{1}{9}$, $\frac{1}{8}$ B. $\frac{1}{10}$, $\frac{1}{9}$, $\frac{1}{9}$ C. $\frac{1}{10}$, $\frac{1}{10}$, $\frac{1}{10}$

D. $\frac{1}{10}$, $\frac{1}{8}$, $\frac{1}{8}$ E. $\frac{1}{10}$, $\frac{1}{8}$, $\frac{1}{9}$

【解析】一共有10个可能的数字,只有1个正确.所以总方法数为10,成功方法数为1.

(1)第1次猜中的概率 P(第1次猜中) = $\frac{1}{10}$.

(2)第2次才猜中意味着第1次猜错并且第2次猜中.第1次猜错去除了1个错误数字,第2次从剩余的9个数字中猜,总方法数变为9,猜对的概率为 $\frac{1}{9}$.故第2次才猜中的概率为 P(第2次才猜中) = P(第1次猜错) × P(第2次猜中) = $\frac{9}{10} \times \frac{1}{9} = \frac{1}{10}$.

(3)第3次才猜中意味着前2次全部猜错,并且第3次猜中.第1次猜错概率为 $\frac{9}{10}$,去除了1个错误数字,第2次从剩余的9个数字中猜,猜错概率为 $\frac{8}{9}$,又去除1个错误数字,第3次从剩余的8个数字中猜,猜对的概率为 $\frac{1}{8}$.

故第 3 次才猜中的概率为 $P($ 第 3 次才猜中 $)=P($ 第 1 次猜错 $)\times P($ 第 2 次猜错 $)\times$ $P($ 第 3 次猜中 $)=\dfrac{9}{10}\times\dfrac{8}{9}\times\dfrac{1}{8}=\dfrac{1}{10}.$

【技巧】事实上, $P($ 第 1 次猜中 $)=P($ 第 2 次才猜中 $)=P($ 第 3 次才猜中 $)=\cdots=\dfrac{1}{10}$, 本题符合本考点【抽签技巧 1】, 可根据技巧直接选择 C.

【答案】C

【例题 2】某装置的启动密码是 0 到 9 中任意 3 个数字组成, 连续 3 次输入错误密码, 就会导致该装置永久关闭, 一个不知道密码的人恰好第 3 次输入后启动装置的概率为 _____, 一个不知道密码的人能够启动此装置的概率为 _____.

A. $\dfrac{1}{1000}$, $\dfrac{1}{1000}$ 　　　B. $\dfrac{1}{1000}$, $\dfrac{1}{500}$ 　　　C. $\dfrac{1}{1000}$, $\dfrac{3}{1000}$

D. $\dfrac{1}{999}$, $\dfrac{1}{333}$ 　　　E. $\dfrac{1}{999}$, $\dfrac{1}{999}$

【解析】密码由一个 3 位数组成, 且每 1 位均有 0 到 9 这 10 种可能, 故所有可能的密码有 $10^3=1000$ (种).

思路一: 由本考点【抽签技巧 1】可知, $P($ 第 1 次启动 $)=P($ 第 2 次才启动 $)=P($ 第 3 次才启动 $)=\dfrac{1}{1000}.$

所以 3 次以内打开的概率为: $P($ 第 1 次启动 $)+P($ 第 2 次才启动 $)+P($ 第 3 次才启动 $)=\dfrac{3}{1000}.$

思路二: 由本考点【抽签技巧 3】可知, $P($ 3 次内启动 $)=3\times P($ 第 1 次启动 $)=\dfrac{3}{1000}.$

【答案】C

【例题 3】在一次商品促销活动中, 主持人出示一个 9 位数, 让顾客猜测商品的价格, 商品的价格是该 9 位数中从左到右相邻的 3 个数字组成的 3 位数, 若主持人出示的是 513535319, 则

问 1:顾客第一次猜中价格的概率是 _____.

问 2:顾客第二次猜中价格的概率是 _____.

问 3:顾客二次之内猜中价格的概率是 _____.

A. $\dfrac{1}{7}$, $\dfrac{1}{7}$, $\dfrac{2}{7}$ 　　　B. $\dfrac{1}{6}$, $\dfrac{1}{6}$, $\dfrac{1}{3}$ 　　　C. $\dfrac{1}{7}$, $\dfrac{1}{6}$, $\dfrac{2}{7}$

D. $\dfrac{1}{7}$, $\dfrac{1}{7}$, $\dfrac{1}{3}$ 　　　E. $\dfrac{1}{7}$, $\dfrac{1}{7}$, $\dfrac{1}{7}$

【解析】从左到右相邻的 3 个数字组成的 3 位数有:513,135,353,535,353,531,319. 去掉一次重复数字"353", 共有 6 种, 正确的商品价格为其中 1 种.

根据本考点【抽签技巧 1】可知, $P($ 第 1 次猜中 $)=P($ 第 2 次才猜中 $)=\dfrac{1}{6}.$

根据本考点【抽签技巧3】可知,$P(2$次内猜中$)=2\times P($第1次猜中$)=\frac{1}{3}$.

【答案】B

【例题4】一共有10张奖券,其中有1张有奖,余9张均无奖. 甲、乙、丙依次抽取,则他们中奖的概率分别为多少?(　　　)

A.$\frac{1}{10},\frac{1}{9},\frac{1}{8}$　　　　　　B.$\frac{1}{10},\frac{1}{9},\frac{1}{9}$　　　　　　C.$\frac{1}{10},\frac{1}{10},\frac{1}{10}$

D.$\frac{1}{9},\frac{1}{9},\frac{1}{9}$　　　　　　E.无法确定

【解析】**思路一**:分步计算. 按照题目要求顺序甲、乙、丙依次抽取.

甲第一个抽:一共10张奖券,中奖概率为$\frac{1}{10}$.

乙第二个抽:若甲已经中奖,那么在这种情况下乙的中奖概率为0;若甲没中奖,剩余9张奖券中有一张有奖,即在这种情况下乙的中奖概率为$\frac{1}{9}$. 故乙中奖概率为$\frac{1}{10}\times 0+\frac{9}{10}\times\frac{1}{9}=\frac{1}{10}$.

丙第三个抽:若甲或者乙已经中奖(根据概率的加法公式,甲或者乙中奖的概率为$\frac{1}{10}+\frac{1}{10}=\frac{2}{10}$),那么在这种情况下丙的中奖概率为0;如果甲、乙均没有中奖(甲、乙均没有中奖的概率为$\frac{8}{10}$),剩余8张奖券中有一张有奖,即在这种情况下丙的中奖概率为$\frac{1}{8}$. 故丙的中奖概率为$\frac{2}{10}\times 0+\frac{8}{10}\times\frac{1}{8}=\frac{1}{10}$.

思路二:根据本考点【抽签技巧2】每个人的中奖概率与抽取顺序无关,甲、乙、丙的中奖概率均等于$\frac{有奖票数}{总奖票数}=\frac{1}{10}$.

【总结】可以类推得出:有10张奖票,其中只有1张有奖,若有10个人在其中各抽取1张,不管一起抽还是以任何顺序先后抽,每个人得奖的概率都是相同的,概率均为$\frac{有奖票数}{总奖票数}=\frac{1}{10}$.

【答案】C

常见思维误区:

为什么甲抽到奖的概率是$\frac{1}{10}$,乙抽到奖的概率是$\frac{1}{10}$,但甲和乙均没有抽到奖的概率不是$\frac{9}{10}\times\frac{9}{10}=\frac{81}{100}$,而是$\frac{9}{10}\times\frac{8}{9}=\frac{8}{10}$?

【解析】因为"甲未抽到奖"与"乙未抽到奖"是一个事件先后的两步,并不是相互独立两次试验. 乙未抽到奖包含2种可能:①甲抽到奖,乙未抽到;②甲未抽到奖,

---

乙也未抽到. 所以不能直接用概率的乘法公式将两者的概率相乘得到"甲、乙均未抽到奖"的概率. 实际上我们可以通过分步计算更进一步得到:

$$P(甲未抽到奖)=\frac{9}{10}.$$

$$P(甲未抽到奖之后,乙也未抽到奖)=\frac{9}{10}\times\frac{8}{9}=\frac{8}{10}.（此即甲、乙依次抽取,均未$$

抽到奖).

$$P(甲抽到奖之后,乙未抽到奖)=\frac{1}{10}\times1=\frac{1}{10}.$$

$$故\ P(乙未抽到奖)=\frac{1}{10}\times1+\frac{9}{10}\times\frac{8}{9}=\frac{9}{10}.$$

【例题5】一共有 10 张奖券,其中有 1 张有奖,其余 9 张均无奖. 甲先抽 1 次,之后乙抽 2 次,最后甲再抽一次,则他们中奖的概率分别为多少?（　　）

A. $\frac{1}{10},\frac{1}{9}$ 　　　B. $\frac{1}{9},\frac{1}{9}$ 　　　C. $\frac{1}{10},\frac{1}{10}$ 　　　D. $\frac{1}{5},\frac{1}{5}$ 　　　E. 无法确定

【解析】思路一:分步计算. 两人共抽奖 4 次,分别分析如下:

第一次抽奖:甲抽第 1 次,中奖概率为 $\frac{1}{10}$,未中奖概率为 $\frac{9}{10}$.

第二次抽奖:若在第 1 次抽奖时甲抽到奖,则此次乙的中奖概率为 0;若在第一次抽奖时甲未抽到奖,则剩余 9 张奖券中有一张有奖,在这种情况下乙抽中概率为 $\frac{1}{9}$. 故本次抽奖乙的中奖概率为 $\frac{1}{10}\times0+\frac{9}{10}\times\frac{1}{9}=\frac{1}{10}$,未中奖概率为 $\frac{9}{10}$.

第三次抽奖:若在前 2 次抽取中甲或乙已抽到奖(概率为 $\frac{1}{5}$),则此次乙的中奖概率为 0;若在前 2 次抽取中均未抽到奖(概率为 $\frac{4}{5}$),则剩余 8 张奖券中有 1 张有奖,在这种情况下乙抽中的概率为 $\frac{1}{8}$. 故本次抽奖乙的中奖概率为 $\frac{1}{5}\times0+\frac{4}{5}\times\frac{1}{8}=\frac{1}{10}$.

第四次抽奖:若在前 3 次抽取中甲或乙抽到奖(概率为 $\frac{3}{10}$),则此次甲的中奖概率为 0;若在前三次抽取中均未抽到奖(概率为 $\frac{7}{10}$),则剩余 7 张奖券中有 1 张有奖,在这种情况下甲抽中的概率为 $\frac{1}{7}$. 故本次抽奖甲的中奖概率为 $\frac{3}{10}\times0+\frac{7}{10}\times\frac{1}{7}=\frac{1}{10}$.

所以甲、乙各抽两次中奖概率均为 $\frac{1}{10}+\frac{1}{10}=\frac{1}{5}$.

思路二:根据本考点【抽签技巧2】可知每个人的中奖概率与抽取顺序无关,抽 k 次的中奖概率为单次中奖概率乘以 k. 所以甲、乙均各抽了 2 次,中奖概率均等于 $2\times\dfrac{有奖票数}{总奖票数}$

$$=2\times\frac{1}{10}=\frac{1}{5}.$$

【答案】D

考点二　伯努利概型

伯努利概型扩展2——不可确定次数

1. 必备知识点

本考点根据题目场景中,无法确定结束时的试验次数,因此需要建立"一轮试验"的思维. 求出每一轮中各参与者分别获胜的概率,由于还有可能进入下一轮试验,各参与者在一轮中分别获胜的概率之和小于1. 但由于每轮试验各参与者的获胜概率均按照同样比例分配,则它们之比为在整个试验中获胜的概率之比,并且直至结束的整个试验中,所有参与者分别获胜的概率之和为1,故最终可通过设份数求出题目要求概率. 具体求解步骤如下:

(1)求出一轮中各参与者分别获胜的概率,列出一轮中获胜概率之比.

(2)至结束时整个试验各参与者获胜的概率之和为1,按比例设份数,求出整个试验中各参与者获胜概率.

2. 典型例题

【例题1】甲、乙、丙依次轮流投掷1枚均匀的硬币,若先投出正面者为胜,则甲、乙、丙获胜的概率分别为(　　　).

A. $\frac{1}{3},\frac{1}{3},\frac{1}{3}$　　　　　B. $\frac{4}{8},\frac{2}{8},\frac{1}{8}$　　　　　C. $\frac{4}{8},\frac{3}{8},\frac{1}{8}$

D. $\frac{4}{7},\frac{2}{7},\frac{1}{7}$　　　　　E. 以上结论均不正确

【解析】第一步:求出第一轮中3人分别投出正面获胜的概率,列出它们的概率之比.

甲掷出正面即可获胜,即 $P($甲在第一轮获胜$)=\frac{1}{2}$.

乙想要获胜必须甲掷出反面,同时乙掷出正面,即 $P($乙在第一轮获胜$)=\left(1-\frac{1}{2}\right)\times$

$\frac{1}{2}=\frac{1}{4}$.

丙想要获胜必须甲、乙均掷出反面,同时丙掷出正面,即 $P($丙在第一轮获胜$)=$

$\left(1-\frac{1}{2}\right)\times\left(1-\frac{1}{2}\right)\times\frac{1}{2}=\frac{1}{8}$.

一轮中甲、乙、丙投出正面获胜的概率之比为,$P($甲胜$):P($乙胜$):P($丙胜$)=\frac{1}{2}:\frac{1}{4}:\frac{1}{8}=$

$4:2:1$.

第二步:按比例设份数. 总量设为1,一共分为7份,每份 $\frac{1}{7}$;甲占4份,乙占2份,丙

占 1 份. 故整个投硬币游戏中甲、乙、丙获胜的概率分别为 $\frac{4}{7}, \frac{2}{7}, \frac{1}{7}$.

【技巧】胜者必然由 3 个人中产生,故 3 个人获胜的概率相加等于 1,并且它们的比为 4:2:1,只有选项 D 符合要求.

【答案】D

考点三 几何概型

1. 必备知识点

1)定义

如果每个事件发生的概率只与构成该事件区域的长度(面积或体积或度数)成比例,则称这样的概率模型为几何概率模型,简称为几何概型.

在这个模型下,随机试验所有可能的结果是无限的,并且每个基本结果发生的概率是相同的. 例如一个人到单位的时间可能是 8:00 至 9:00 之间的任意一个时刻、往一个方格中投一个石子,石子落在方格中任何一点上……这些试验出现的结果都是无限多个,属于几何概型. 一个试验是否为几何概型在于这个试验是否具有两个特征——无限性和等可能性,只有同时具备这两个特点的概型才是几何概型.

古典概型与几何概型的主要区别在于:几何概型是另一类等可能概型,它与古典概型的区别在于试验的结果是无限个.

几何概型中事件 A 的概率计算公式为:

$$P(A) = \frac{\text{构成事件 } A \text{ 的区域长度(面积或体积等)}}{\text{试验的全部结果所构成的区域长度(面积或体积等)}}.$$

2)经典题型总结

几何概型求概率问题的关键在于要构造出事件对应的几何图形,利用图形的几何度量来求概率. 经典几何概型题型包括与长度有关的几何概型、与面积有关的几何概型和求会面问题中的概率.

2. 典型例题

【例题 1】在区间 $[-2, 12]$ 中任取 1 个数 x,则 $x \in [8, 13]$ 的概率为(   ).

A. $\frac{5}{14}$ B. $\frac{2}{7}$ C. $\frac{2}{5}$ D. $\frac{3}{5}$ E. $\frac{3}{7}$

【解析】区间 $[-2, 12]$ 上有无穷个实数,而取到每 1 个数的概率都是等可能的,所以符合几何概型,根据几何概型公式可知,$P = \frac{12-8}{12-(-2)} = \frac{2}{7}$.

【答案】B

【例题 2】管理类联考上午考试时间为 8:30-11:30,小张和小王参加考试,他们均在交卷时间前 10 分钟内答完,且他们在该时段任何时刻答完试卷都是等可能的. 假设小张在 11:20 过 a 分钟答完,小王在 11:20 过 b 分钟答完,则小张比小王至少早答完 5 分钟的概率为(   ).

A. $\frac{3}{4}$ B. $\frac{1}{8}$ C. $\frac{1}{2}$ D. $\frac{3}{20}$ E. $\frac{7}{8}$

【解析】设小张在 11:20 过 a 分钟答完,小王在 11:20 过 b 分答完,小张比小王至少早答完 5 分钟,即小王超过 11:20 的时间比小张大于等于 5 分钟. 题目转变为在 $\begin{cases} 0 \leqslant a \leqslant 10 \\ 0 \leqslant b \leqslant 10 \end{cases}$ 的范围内,求 a,b 满足 $b-a \geqslant 5$ 的概率.

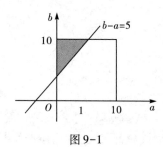

图 9-1

如图 9-1 所示,根据几何概型可知,$P = \dfrac{S_{阴影}}{S_{正方形}} = \dfrac{\dfrac{1}{2} \times 5 \times 5}{10 \times 10} = \dfrac{1}{8}$.

【答案】B

1. 某装置的启动密码是由 0 到 9 中的 3 个数字组成,连续 3 次输入错误密码,就会导致该装置永久关闭,试计算(1)输入 1 次就启动的概率;(2)输入第 2 次才启动的概率;(3)输入第 3 次才启动的概率( ).

A. $\frac{1}{1000}, \frac{1}{999}, \frac{1}{998}$ B. $\frac{1}{1000}, \frac{1}{999}, \frac{1}{999}$ C. $\frac{1}{1000}, \frac{1}{900}, \frac{1}{800}$

D. $\frac{1}{1000}, \frac{1}{1000}, \frac{1}{1000}$ E. $\frac{1}{1000}, \frac{1}{900}, \frac{1}{900}$

2. 某装置的启动密码是由 0 到 9 中 3 个不同的数字组成(0 可以作为密码的首位),连续 3 次输入错误密码,就会导致该装置永久关闭,一个仅记得密码是由 3 个不同的数字组成的人,能够启动此装置的概率为( ).

A. $\frac{1}{120}$ B. $\frac{1}{168}$ C. $\frac{1}{240}$ D. $\frac{1}{720}$ E. $\frac{3}{1000}$

3. 某人忘记 3 位号码锁(每位均为 0 到 9 这 10 个数中的 1 个)的最后 1 个号码,因此在正确拨出前 2 个号码后,只能随机地试拨最后 1 个号码,每拨 1 次算作 1 次试开,则他恰在第 4 次试开时才将锁打开的概率是( ).

A. $\frac{1}{4}$ B. $\frac{1}{6}$ C. $\frac{2}{5}$ D. $\frac{1}{10}$ E. $\frac{4}{9}$

4. 某人只能记得 3 位号码锁(每位均为 0 到 9 这 10 个数中的 1 个)是偶数,因此在正确拨出第 1 个号码后,只能随机地试拨后面 2 位号码,每拨 1 次算作 1 次试开,则他在第 4 次试开时才将锁打开的概率是( ).

A. $\frac{4}{99}$ B. $\frac{4}{96}$ C. $\frac{1}{50}$ D. $\frac{1}{100}$ E. $\frac{4}{100}$

5. 一共有 2 张奖券,其中有 1 张有奖,另 1 张无奖. 甲、乙两人先后抽取,则他们中奖的概率分别为多少? ( )

A. $\frac{1}{2}, 1$ B. $\frac{1}{2}, \frac{1}{2}$ C. $1, \frac{1}{2}$

D. $1, 1$ E. 无法确定乙的概率

6. 某公司有 9 名工程师,张三是其中之一,从中任意抽调 4 人组成攻关小组,包括张三的概率是( ).

A. $\frac{2}{9}$ B. $\frac{2}{5}$ C. $\frac{1}{3}$ D. $\frac{4}{9}$ E. $\frac{5}{9}$

7. 某商场利用抽奖方式促销,100个奖球中设有3个一等奖,7个二等奖,则一等奖先于二等奖抽完的概率为(　　).

　　A.0.3　　　　　B.0.5　　　　　C.0.6　　　　　D.0.7　　　　　E.0.73

8. 甲、乙、丙依次玩套圈游戏,第一个套中的人就算赢. 其中甲套中概率为 $\frac{1}{2}$,乙套中概率为 $\frac{2}{3}$,丙套中概率为 $\frac{3}{5}$. 那么甲、乙、丙分别获胜的概率为多少?(　　)

　　A. $\frac{1}{2}$,$\frac{2}{3}$,$\frac{3}{5}$　　　B. $\frac{1}{4}$,$\frac{4}{9}$,$\frac{3}{5}$　　　C. $\frac{1}{2}$,$\frac{1}{3}$,$\frac{1}{10}$　　　D. $\frac{15}{28}$,$\frac{5}{14}$,$\frac{3}{28}$　　　E. $\frac{1}{3}$,$\frac{1}{3}$,$\frac{1}{3}$

9. 甲、乙、丙依次投篮,第一个投中的人就算赢. 其中甲投中概率为 $\frac{1}{4}$,乙投中概率为 $\frac{1}{3}$,丙投中概率为 $\frac{1}{2}$. 那么甲、乙、丙分别获胜的概率为多少?(　　)

　　A. $\frac{1}{4}$,$\frac{1}{4}$,$\frac{1}{4}$　　　B. $\frac{1}{3}$,$\frac{1}{3}$,$\frac{1}{3}$　　　C. $\frac{1}{5}$,$\frac{2}{5}$,$\frac{2}{5}$　　　D. $\frac{1}{4}$,$\frac{1}{3}$,$\frac{1}{2}$　　　E. $\frac{4}{7}$,$\frac{2}{7}$,$\frac{1}{7}$

10. 一只小狗在如图9-2所示的方砖上走来走去,最终未停在阴影方砖上的概率是(　　).

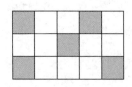

图9-2

　　A. $\frac{4}{15}$　　　　B. $\frac{1}{3}$　　　　C. $\frac{1}{5}$　　　　D. $\frac{2}{15}$　　　　E. $\frac{2}{3}$

11. 在区间[0,8]上随机取一个数 m,则关于 x 的方程 $2x^2=4x-m$ 有实数根的概率为(　　).

　　A. $\frac{1}{6}$　　　　B. $\frac{1}{5}$　　　　C. $\frac{1}{3}$　　　　D. $\frac{2}{3}$　　　　E. $\frac{1}{4}$

12. 甲、乙两人约定在下午4:00-5:00间在某地相见. 他们约定,当其中一人先到后一定要等另外一人15分钟,若另外一人仍不到就可以离开,则他们可以相见的概率为(　　).

　　A. $\frac{1}{4}$　　　　B. $\frac{3}{4}$　　　　C. $\frac{5}{16}$　　　　D. $\frac{7}{8}$　　　　E. $\frac{7}{16}$

答案速查

1-5:DCDCB	6-10:DDDBE	11-12:EE

习题详解

1. 【答案】D

【解析】(1) 从 000 到 999 一共 1000 个可能的整数密码组合,其中只有 1 个正确. 所以总方法数为 1000,成功方法数为 1. 故第 1 次成功的概率为 $P(\text{第 1 次启动}) = \dfrac{1}{1000}$.

(2) 输入第 2 次才启动意味着第 1 次输错并且第 2 次输对启动. 第 1 次输错概率为 $\dfrac{999}{1000}$,可以排除 1 个错误数字,所以第 2 次尝试时总方法数只剩 999. 输入第 2 次才启动的概率为 $P(\text{第 2 才次启动}) = P(\text{第 1 次失败}) \times P(\text{第 2 次启动}) = \dfrac{999}{1000} \times \dfrac{1}{999} = \dfrac{1}{1000}$.

(3) 输入第 3 次才启动意味着前 2 次全部输错,并且第 3 次输对启动. 第 1 次输错概率为 $\dfrac{999}{1000}$,由于第 1 次输错,可以排除 1 个错误数字,第 2 次从剩余的 999 个数字中输入,输错概率为 $\dfrac{998}{999}$,即第 2 次从剩余的 999 个数字中恰好选中非密码的 998 个. 此时又排除了 1 个错误数字,第 3 次输入时总方法数仅剩 998,输对启动概率为 $\dfrac{1}{998}$.

故第 3 次才启动的概率为 $P(\text{第 3 次才启动}) = P(\text{第 1 次失败}) \times P(\text{第 2 次失败}) \times P(\text{第 3 次启动}) = \dfrac{999}{1000} \times \dfrac{998}{999} \times \dfrac{1}{998} = \dfrac{1}{1000}$.

【技巧】可以看出,$P(\text{第 1 次启动}) = P(\text{第 2 次才启动}) = P(\text{第 3 次才启动}) = P(\text{第 } k \text{ 次才启动}) = \dfrac{1}{1000}$,符合本考点【抽签技巧 1】,可直接选 D.

2. 【答案】C

【解析】本题中 3 位数的密码是由 3 个不同的数字组成,所以总共的方法数为 $C_{10}^3 \times A_3^3 = 720(\text{种})$.

思路一: 由本考点【抽签技巧 1】可知,$P(\text{第 1 次启动}) = P(\text{第 2 次才启动}) = P(\text{第 3 次才启动}) = \dfrac{1}{720}$,

所以 3 次以内打开的概率为:$P(\text{第 1 次启动}) + P(\text{第 2 次启动}) + P(\text{第 3 次才启动}) = \dfrac{3}{720} = \dfrac{1}{240}$.

思路二: 由本考点【抽签技巧 3】可知,$P(\text{3 次内启动}) = 3 \times P(\text{第 1 次启动}) = \dfrac{1}{240}$.

3. 【答案】D

【解析】只忘记了 1 位号码,这 1 位可能数字有 10 个,正确的数字为其中的 1 个.

思路一：分步计算. $P($第4次才成功$)=P($第1次失败$)\times P($第2次失败$)\times P($第3次失败$)\times P($第4次成功$)=\dfrac{9}{10}\times\dfrac{8}{9}\times\dfrac{7}{8}\times\dfrac{1}{7}=\dfrac{1}{10}$.

思路二：由本考点【抽签技巧1】可知，$P($第4次才成功$)=P($第1次成功$)=\dfrac{1}{10}$.

4. 【答案】C

【解析】忘记了最后两位的号码，但是记得是偶数，说明可能的号码组合有50个，正确的号码为其中的1个.

思路一：分步计算. $P($第4次成功$)=P($第1次失败$)\times P($第2次失败$)\times P($第3次失败$)\times P($第4次成功$)=\dfrac{49}{50}\times\dfrac{48}{49}\times\dfrac{47}{48}\times\dfrac{1}{47}=\dfrac{1}{50}$.

思路二：由本考点【抽签技巧1】可知，$P($第4次才成功$)=P($第1次成功$)=\dfrac{1}{50}$.

5. 【答案】B

【解析】按照题目要求顺序甲第一个抽：一共2张奖券，其中1张有奖，所以甲中奖概率为 $\dfrac{1}{2}$. 乙第二个抽：若甲已经中奖，那么在这种情况下乙的中奖概率为0；若甲未中奖，则剩余1张奖券即为有奖券，那么在这种情况下乙一定中奖，中奖概率为1，故乙抽到奖的概率为 $\dfrac{1}{2}\times0+\dfrac{1}{2}\times1=\dfrac{1}{2}$.

【技巧】可以看出，甲、乙中奖概率相同. 事实上，多个人抽奖时，多人一起抽和按照任何顺序依次抽，每个人中奖概率均相同，与抽取顺序无关，他们的中奖概率均等于 $\dfrac{\text{有奖票数}}{\text{总奖票数}}$. 此即本考点【抽签技巧2】，故可根据技巧直接选B.

6. 【答案】D

【解析】思路一：利用古典概型公式计算.

第一步：计算总方法数，9人中任意抽调4人共有 C_9^4 种方法.

第二步：计算满足要求的方法数，确定1人为张三，另外3人可从剩下的8人中任意选取，共有方法数 C_8^3 种.

第三步：计算概率 $P($选中张三$)=\dfrac{C_8^3}{C_9^4}=\dfrac{4}{9}$.

思路二：把9个人视为9张奖券，张三视为中奖的1张奖券，任意选1人（抽取1张奖券）选中张三（中奖）的概率为 $\dfrac{1}{9}$. 此时题目转化为9张奖券，其中有1张有奖，不放回地抽取4次，求中奖的概率. 根据本考点【抽签技巧3】可知抽4次选中张三（中奖）的概率为 $4\times\dfrac{1}{9}=\dfrac{4}{9}$.

7. 【答案】D

【解析】题目仅涉及一等奖和二等奖的球，因此其余奖球不影响概率. 只需要保证在抽取有奖球的10个球时，最后一个抽出的是二等奖球，即可保证一等奖球先于二等奖球抽完. $P_{最后一次抽取二等奖}=P_{第一次抽取二等奖}=\dfrac{7}{10}$.

8.【答案】D

【解析】第一步:求出第一轮中3人分别投出正面获胜的概率,列出它们的概率之比.

甲套中即可获胜,即 $P(甲在第一轮获胜)=\dfrac{1}{2}$.

乙想要获胜必须甲未套中,同时乙套中,即 $P(乙在第一轮获胜)=\left(1-\dfrac{1}{2}\right)\times\dfrac{2}{3}=\dfrac{1}{3}$.

丙想要获胜必须甲、乙均未套中,同时丙套中,即 $P(丙在第一轮获胜)=\left(1-\dfrac{1}{2}\right)\times\left(1-\dfrac{2}{3}\right)\times\dfrac{3}{5}=\dfrac{1}{10}$.

一轮中甲、乙、丙套中获胜的概率之比为 $P(甲胜):P(乙胜):P(丙胜)=\dfrac{1}{2}:\dfrac{1}{3}:\dfrac{1}{10}=15:10:3$.

第二步:按比例设份数,总量设为1,一共分为28份,每份 $\dfrac{1}{28}$;甲占15份,乙占10份,丙占3份,故整个投硬币游戏中甲、乙、丙获胜的概率分别为 $\dfrac{15}{28},\dfrac{10}{28}=\dfrac{5}{14},\dfrac{3}{28}$.

9.【答案】B

【解析】第一步:求出第一轮中3人分别投中的概率,列出他们的概率之比.

甲投中即可获胜,即 $P(甲在第一轮获胜)=\dfrac{1}{4}$.

乙想要获胜必须甲未投中,同时乙投中,即 $P(乙在第一轮获胜)=\left(1-\dfrac{1}{4}\right)\times\dfrac{1}{3}=\dfrac{1}{4}$.

丙想要获胜必须甲、乙均未投中,同时丙投中,即 $P(丙在第一轮获胜)=\left(1-\dfrac{1}{4}\right)\times\left(1-\dfrac{1}{3}\right)\times\dfrac{1}{2}=\dfrac{1}{4}$.

一轮中甲、乙、丙分别投中获胜的概率之比为 $P(甲胜):P(乙胜)1:P(丙胜)=\dfrac{1}{4}:\dfrac{1}{4}:\dfrac{1}{4}=1:1:1$.

第二步:按比例设份数.总量设为1,一共分为3份,每份 $\dfrac{1}{3}$;甲占1份,乙占1份,丙占1份,故整个投篮比赛中甲、乙、丙获胜的概率分别为 $\dfrac{1}{3},\dfrac{1}{3},\dfrac{1}{3}$.

10.【答案】E

【解析】图中共有15个方格,其中阴影方格有5个,小狗是随机运动,根据几何概型,最终未停在阴影砖上的概率为 $1-\dfrac{5}{15}=\dfrac{2}{3}$.

11. 【答案】E

【解析】符合【标志词汇】二次方程有实根 $\Leftrightarrow \Delta \geqslant 0$. 即 $\Delta = 16-8m \geqslant 0$, 解得 $m \leqslant 2$.

又因为 $m \in [0,8]$, 则 $0 \leqslant m \leqslant 2$. 根据几何概型可知, 方程有实根的概率 $P = \dfrac{2-0}{8-0} = \dfrac{1}{4}$.

12. 【答案】E

【解析】设甲在 4 点过 x 分时到达, 乙在 4 点过 y 分时到达, 建立直角坐标系如图 9-3 所示. 则在 $|x-y| \leqslant 15$ 时他们可以相见, 即图 9-3 中的阴影部分.

由图可知, 他们可以相见的概率为

$$P = \frac{60^2 - (60-15)^2}{60^2} = \frac{7}{16}.$$

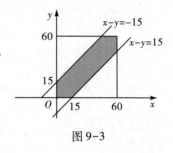

图 9-3

第十章 数据描述

模块一 考点剖析

考点一 图表

（一） 饼图

1. 必备知识点

饼图是一个划分为几个扇形的圆形统计图表,用于描述量、频率或百分比之间的相对关系. 在饼图中,用整个圆代表总体,每一个扇形代表总体中的一部分,通过扇形的大小来表示各个部分占总体的百分比.

扇形的圆心角度数 $\alpha = 360° \times \dfrac{相应部分面积}{总体的面积}$. 圆心角越大,扇形在圆中占的百分比就越大.

扇形图的特征:能够显示部分在总体中所占的百分比.

2. 典型例题

【例题1】某冷链运输研究机构对某地 2021 年冷链运输需求量(单位:吨)进行统计,得到如图 10-1 所示的饼状图,其中乳制品的冷链运输需求量为 108 吨,则蔬菜冷链运输需求量比水产品冷链运输需求量多( )吨.

图 10-1

A. 250   B. 280   C. 320   D. 180   E. 156

【解析】由饼状图可知,乳制品在 2021 年冷链运输需求量中的占比为 $1-28\%-27\%-18\%-21\% = 6\%$,由 $\dfrac{108}{6\%} = \dfrac{水产品需求量}{28\%} = \dfrac{蔬菜需求量}{18\%}$ 可得,水产品冷链运输需求量为

$108 \div 6\% \times 28\% = 504$(吨),蔬菜冷链运输需求量为 $108 \div 6\% \times 18\% = 324$(吨),蔬菜冷链运输需求量比水产品冷链运输需求量多 $504 - 324 = 180$(吨).

【答案】D

（二） 图表

1. 必备知识点

图表主要包括柱形图和折线图.

柱形图是一种以长方形的长度为变量的统计图表,根据柱形图的高低来分析数值的大小.

折线图是排列在工作表的列或行中的数据可以绘制到折线图中,可以显示随时间（根据常用比例设置）而变化的连续数据,类别数据沿水平轴均匀分布,所有值数据沿垂直轴均匀分布,可以根据折线图上的每个点的数值进行分析求解.

2. 典型例题

【例题 2】一次学科测验,学生得分均为整数,满分为 10 分,成绩达到 6 分以上为合格,成绩达到 9 分为优秀. 这次测验中甲乙两组学生成绩分布的条形统计图如图 10-2.

表 10.1 为成绩统计分析表

表 10.1　成绩统计分析

	平均分	方差	中位数	合格率	优秀率
甲组	6.9	2.4	a	91.7%	16.7%
乙组	b	1.3	c	83.3%	8.3%

则下列叙述正确的是(　　).

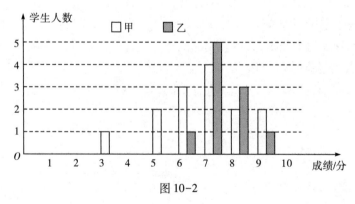

图 10-2

A. $a + b = 13$　　B. $b + c = 13$　　C. $a + c = 13$　　D. $a + b + c = 20$　　E. $a + c = 14$

【解析】从统计图中可以看出:根据中位数的定义,再结合统计图得出它们的平均数和中位数即可求出答案。甲组:中位数7;乙组:平均数7,中位数7.

【答案】E

【例题 3】班长统计去年 1-8 月"书香校园"活动中全班同学的课外阅读数量（单位:本),绘制了如图 10-3 的折线统计图,下列说法正确的是(　　).

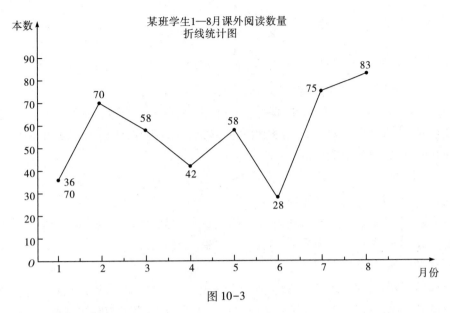

图 10-3

A. 极差是 47   B. 众数是 42   C. 中位数是 58

D. 每月阅读数量超过 40 的有 4 个月   E. 平均数是 60

【解析】根据统计图可得出最大值和最小值,即可求得极差;出现次数最多的数据是众数;将这 8 个数按大小顺序排列,中间两个数的平均数为中位数.

极差为:83-28=55,故 A 错误;

众数为:58,故 B 错误;

中位数为:(58+58)÷2=58,故 C 正确;

每月阅读数量超过 40 本的有 2 月、3 月、4 月、5 月、7 月、8 月,共 6 个月,故 D 错误;

平均数为 $\dfrac{225}{4}$,故 E 错误.

【答案】C

(三) 直方图

1. 必备知识点

1) 直方图的定义

把数据分成若干个小组,每组的组距保持一致,并在直角坐标系的横轴上以组距作为底,标出每组的位置,计算每组所包含的数据个数(频数),以该组的"$\dfrac{频率}{组距}$"为高作矩形,这样得出若干个矩形构成的图形叫作直方图.

定义所包含的要点:

(1)组距的确定:一般是人为确定,不能太大也不能太小.

(2)组数的确定:组数 $=\dfrac{极差}{组距}$.

（3）每组频率的确定：频率 $=\dfrac{\text{频数}}{\text{数据容量}}$.

（4）每组所确定的矩形面积：组距 $\times\dfrac{\text{频率}}{\text{组距}}=$ 频率.

（5）频率分布直方图中所有矩形的面积和是1.

（6）分组时要遵循"不重不漏"的原则："不重"是指某一个数据只能分在其中的某一组，不能在其他组中出现；"不漏"是指组别能够穷尽，即在所分的全部组别中每项数据都能分在其中的某一组，不能遗漏.

2）众数、中位数、平均值的估算方法

众数：最高矩形底边中点的横坐标.

中位数：把频率直方图分成左边和右边的面积相等的两部分的直线的横坐标.

平均数：每一个矩形的面积乘以底边中点的横坐标之和.

2. 典型例题

【例题4】为了解本市成年人的交通安全意识情况，进行了一次全市成年人安全知识抽样调查. 先据是否拥有驾驶证，用分层抽样的方法抽取了 200 名成年人，然后对这 200 人进行问卷调查. 这 200 人所得的分数都分布在 [30,100] 范围内，规定分数在 80 分以上（含 80 分）的为"具有很强安全意识"，所得分数的频率分布直方图如图 10-4 所示，分数的众数及中位数分别是多少（　　）（中位数保留小数点后一位）.

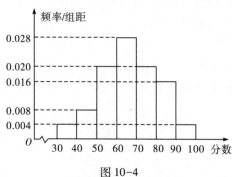

图 10-4

A. 61,62.5　　B. 65,62.5　　C. 65,66.4　　D. 61,62.5　　E. 61,66.4

【解析】频率分布直方图中的众数为最高矩形底边中点的横坐标，所以众数为 65；利用面积之和为 0.5，可以求得中位数，设中位数为 x，即有 $(0.004+0.008+0.02)\times10+0.028\times(x-60)=0.5$，解得 $x\approx66.4$.

【答案】C

【例题5】若干量汽车通过某一段公路的时速的频率分布直方图如图 10-5 所示，时速在 [45,55) 的汽车有 40 辆，则时速在 [60,75) 的汽车有（　　）辆.

A. 100　　　　B. 125　　　　C. 136

D. 155　　　　E. 182

【解析】在频率分布直方图中小长方形的面积为

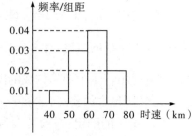

图 10-5

频率.

在 $[40,50)$ 的频率为 $0.01×10=0.1$；在 $[50,60)$ 的频率为 $0.03×10=0.3$；

在 $[60,70)$ 的频率为 $0.04×10=0.4$；在 $[70,80)$ 的频率为 $0.02×10=0.2$；

如果时速在 $[45,55)$ 的汽车有 40 辆，在 $[45,55)$ 的频率为 $0.01×5+0.03×5=0.2$，则总共有 $40÷0.2=200$ 辆车，

那么在 $[60,75)$ 的频率为 $0.4+0.02×5=0.5$，时速在 $[60,75)$ 的汽车有 $0.5×200=100$ 辆.

【答案】A

模块二 习题自测

1. 某学校于3月12日组织师生举行植树活动,已知购买垂柳、银杏、侧柏、海桐四种树苗共计1200棵,比例如图10-6所示.高一、高二、高三报名参加植树活动的人数分别为600,400,200,若每种树苗均按各年级报名人数的比例进行分配,则高三年级应分得侧柏树的数量为( ).

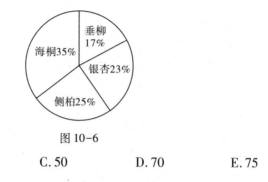

图10-6

A. 34   B. 46   C. 50   D. 70   E. 75

2. 某中学高中部共有80名教师,初中部共有120名教师,其性别比例如图10-7所示,现从中按分层抽样抽取25人进行优质课展示,则应抽取高中部女教师的人数为( ).

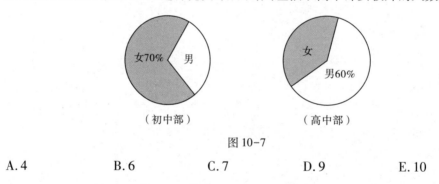

（初中部）   （高中部）

图10-7

A. 4   B. 6   C. 7   D. 9   E. 10

3. (条件充分性判断)某班级对同学的业余爱好统计,如图10-8所示,则 $m=20$.

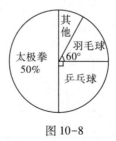

图10-8

(1)全班共60人,喜欢各项项目的人数极差为 m.

(2)喜欢太极拳的有60人,喜欢羽毛球的有 m 人.

4. 甲乙两人 10 次射击成绩(环数)的条形统计图,如图 10-9 所示,则下列说法正确的是( ).

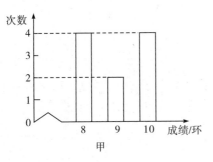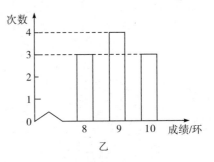

图 10-9

A. 甲比乙的成绩稳定　　　　　　　B. 乙比甲的成绩稳定

C. 甲、乙两人的成绩一样稳定　　　　D. 无法确定谁的成绩更稳定

E. 以上均不正确

5. 图 10-10 描述了某车间工人日加工零件数的情况,则这些工人日加工零件数的平均数、中位数、众数分别是( ).

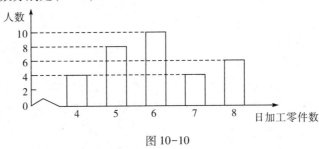

图 10-10

A. 6.4,10,4　　B. 6,6,6　　C. 6.4,6,6　　D. 6,6,10　　E. 6,6.4,10

6. 某赛季甲、乙两名乒乓球运动员 12 场比赛得分情况如图 10-11 所示,对这两名运动员的成绩进行比较,下列结论中不正确的是( ).

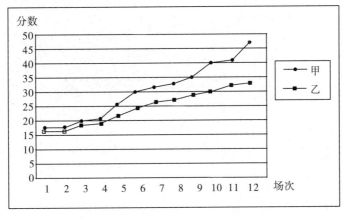

图 10-11

A. 甲运动员得分的极差大于乙运动员得分的极差
B. 甲运动员得分的中位数大于乙运动员得分的中位数
C. 甲运动员得分的平均数大于乙运动员得分的平均数
D. 甲运动员的成绩比乙运动员的成绩稳定
E. 乙运动员的成绩比甲运动员的成绩稳定

7. 某机构对200名职场人士调查每周的加班时间(单位:小时),制成了如图所示的频率分布直方图如图10-12所示,其中加班时间的范围是[17.5,30],根据直方图,调查中每周加班时间不少于27.5小时的人是(   ).

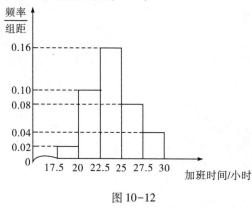

图 10-12

A. 20   B. 45   C. 50   D. 55   E. 60

8. (条件充分性判断)某校从高三年级参加期末考试的学生中抽出60人,其成绩(均为整数)的频率分布直方图如图10-13所示. 从成绩是80分以上(包括80分)的学生中选 m 人,则他们在不同分数段的概率为 $\dfrac{5}{17}$.

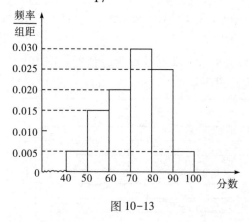

图 10-13

(1) $m=1$.   (2) $m=2$.

答案速查

1-5:CABBB   6-8:DAB

习题详解

1.【答案】C

【解析】由题意得,高三年级应分得侧柏树的数量为 $1200 \times 25\% \times \dfrac{200}{600+400+200} = 50$ 棵.

2.【答案】A

【解析】由题意得高中部、初中部教师人数比为 $\dfrac{80}{120} = \dfrac{2}{3}$,按分层抽样抽取的 25 人中,高中部的教师人数为 $25 \times \dfrac{2}{5} = 10$,所以应抽取高中部女教师的人数为 $10 \times (1-60\%) = 4$.

3.【答案】B

【解析】条件(1):喜欢太极拳的有 30 人,则可求出喜欢其他的有 5 人(占了 30° 扇形,为整个圆的 $\dfrac{1}{12}$),故极差为 $30-5=25$,故条件(1)不充分.

条件(2):根据扇形的圆心角可判断,喜欢羽毛球的人数为喜欢太极拳人数的 $\dfrac{1}{3}$,即 $m=20$ 人,故条件(2)充分.

4.【答案】B

【解析】方差表示数据波动的程度.波动越大、方差越大,数据越不稳定,波动小,方差越小,数据越稳定.通过观察条形统计图可知:乙的成绩波动性更小,相对更稳定.

5.【答案】B

【解析】观察条形图,可得这些工人日加工零件数的平均数为 $(4 \times 4 + 5 \times 8 + 6 \times 10 + 7 \times 4 + 8 \times 6) \div 32 = 6$.

将这 32 个数据按从小到大的顺序排列,其中第 16 个、第 17 个数都是 6,所以这些工人日加工零件数的中位数是 6.因为在这 32 个数据中,6 出现了 10 次,出现的次数最多,所以这些工人日加工零件数的众数是 6.

6.【答案】D

【解析】由题图 10-11 可知甲、乙两名运动员第 1 场比赛得分几乎相同,第 12 场比赛得分甲运动员比乙运动员得分高,所以甲运动员得分的极差大于乙运动员得分的极差,A 选项正确;

由题图 10-11 可知甲运动员得分始终大于乙运动员得分,所以甲运动员得分的中位数、平均数均大于乙运动员得分的中位数、平均数,故 B,C 正确;由图 10-11 可知甲运动员得分数据波动性较大,乙运动员得分数据波动性较小,所以乙运动员的成绩比甲运动员的成绩稳定.

7.【答案】A

【解析】每周加班时间不少于 25 小时的即加班时间在 27.5～30 内的,组距为 2.5,概率 = 组距 $\times \dfrac{频率}{组距} = 2.5 \times 0.04 = 0.1$,则每周加班不少于 27.5 小时的人数 = 总人数 $\times$ 概率＝200×0.1＝20.

8.【答案】B

【解析】80～90与90～100分数段的人数分别为60×10×0.025＝15,60×10×0.005＝3.

条件(1)：当 $m=1$ 时,只有一名学生,这一人必然在同一分数段,则在不同分数段的概率为0,故条件(1)不充分.

条件(2)：当 $m=2$ 时,要使他们在不同分数段,应在80～90和90～100两个分数段各选1人,即 $C_{15}^1 C_3^1$;从80分以上的学生中选2人共有 C_{18}^2 种情况.故2名学生在不同分数段的概率为 $\dfrac{C_{15}^1 C_3^1}{C_{18}^2}=\dfrac{5}{17}$,故条件(2)充分.

数学考点精讲·强化篇

第5部分

应用题

第十一章　应用题

模块一　考点剖析

考点一　增长、增长率

平均增长率

1. 必备知识点

平均增长率是一个专有的概念,常在宏观经济数据中出现,它是指一定时间内,若数据以相同的增长率从期初数据增长到期末数据,则这个增长率即为平均增长率.

以年为单位为例,设第 1 年数值为 A(期初数值),第 n 年数值为 B(期末数值),这 n 年数值从 A 增长至 B,第 1 年至第 2 年增长 1 期,则第 1 年至第 n 年的增长期数为 $n-1$,若每年均以相同的增长率 q 增长,则有:期末数值 $B=$ 期初数值 $A\cdot(q+1)^{增长期数}$,故得平均增长率公式.

$$q=\sqrt[增长期数]{\frac{期末数值\ B}{期初数值\ A}}-1$$

由公式可知,平均增长率只取决于期初数值、期末数值与增长的期数这三个量,中间的数值,即事实中具体如何从 A 增长至 B 的,不影响平均增长率的值.

【举例】2020 年开展的第七次全国人口普查结果显示,全国人口共 141178 万人,与 2010 年的 133972 万人相比增长量为多少? 增长率为多少? 年平均增长率为多少?

【解析】增长量为 $141178-133972=7206$ 万人.

增长率为 $\dfrac{141178-133972}{133972}\times100\%=\dfrac{7206}{133972}\times100\%\approx5.38\%$.

年平均增长率为 $\sqrt[10]{\dfrac{141178}{133972}}-1=0.525\%$.

需要注意的是,平均增长率不是增长率的平均值,$0.525\%\neq\dfrac{5.38\%}{10}$,增长率不可以相加、减、求平均,它们均无实际意义.

2. 典型例题

【例题1】(条件充分性判断)A 公司 2003 年 6 月份的产值是 1 月份产值的 a 倍.

(1)在 2003 年上半年,A 公司月产值的平均增长率为 $\sqrt[5]{a}$.

(2)在 2003 年上半年,A 公司月产值的平均增长率为 $\sqrt[6]{a}-1$.

【解析】设1月份的产值为m,从1月至6月共增长5期,题干要求6月份产值为am.

思路一:条件(1)6月份的产值为$(1+\sqrt[5]{a})^5 m \neq am$,故条件(1)不充分.条件(2)中6月份的产值为$(\sqrt[6]{a}-1+1)^5 m \neq am$,故条件(2)不充分,联合亦不充分.

思路二:对结论进行等价变换.设平均增长率为q,题干结论成立要求$(1+q)^5 m = am$,$(1+q)^5 = a$,两边同时开五次方得$q = \sqrt[5]{a}-1$,故两条件单独或联合均不充分.

【答案】E

【例题2】(条件充分性判断)能确定某企业产值的月平均增长率.

(1)已知一月份的产值.

(2)已知全年的总产值.

【解析】由平均增长率公式$q = \sqrt[\substack{增长期数}]{\dfrac{期末数值 B}{期初数值 A}} - 1$可知,只有知道期初数值、期末数值及增长期数,方可确定平均增长率.本题中全年由1月至12月,增长期数为11.条件(1)中给定一月份产值,即期初数值,但无论单独或联合两条件均无法确定12月产值即期末数值,因此单独或联合均不充分,选E.

【说明】平均增长率只与期初数值、期末数值和增长期数有关,中间的数值不影响平均增长率的值.对于相同的一月产值和总产值,可以对应完全不同的12月产值及平均增长率.例如:1-12月产值分别为:10,20,20,20,20,20,20,20,20,20,20,40.此时一月份产值为10,总产值为250,平均增长率为$q = \sqrt[11]{\dfrac{40}{10}} - 1 = \sqrt[11]{4} - 1$.

1-12月产值分别为:10,20,20,20,20,20,20,20,20,20,30,30.此时一月份产值为10,总产值也为250,平均增长率为:$q = \sqrt[11]{\dfrac{30}{10}} - 1 = \sqrt[11]{3} - 1$.即:对于相同的一月产值和总产值,可以对应完全不同的平均增长率.

【答案】E

考点二 工程问题

1.必备知识点

1)负效率类问题

对于多管进水同时排水和草生长时牛同时吃草类场景的问题,只需牢记下面的公式,就可以迅速解出答案:

牛吃草:牛数×吃草效率×天数-草生长效率×天数=1

给排水:进水管数×单管进水效率×小时数-出水管数×单管出水效率×小时数=1

2.典型例题

【例题1】(条件充分性判断)一个蓄水池装有两根水管,一个进水管甲,一个出水管乙,若两管齐开,将空水池注满需要60小时.

(1)单开进水管甲,30小时可以将空水池注满.

(2)单开出水管乙,60小时可以将满池水放完.

【解析】两条件单独成立的情况下均仅知道一根管子的效率,而题干要求两管同时工作,故单独均不能推出结论. 联合条件(1)与条件(2)得两管效率分别为甲$_{进水}=\dfrac{1}{30}$,乙$_{出水}=\dfrac{1}{60}$,两管同时开的效率为$\dfrac{1}{30}-\dfrac{1}{60}=\dfrac{1}{60}$,所以同时开60小时可以注满水池,故联合充分.

【答案】C

【例题2】空水槽设有甲、乙、丙三根水管,甲管5分钟可注满水槽,乙管30分钟可注满水槽,丙管15分钟可把满槽水放完. 若三管齐开,2分钟后关上乙管,问水槽放满时,甲管共开放了(　　).

A.4分钟　　　　B.5分钟　　　　C.6分钟　　　　D.7分钟　　　　E.8分钟

【解析】设关上乙管后,甲管与丙管又同时开了m分钟,才将水槽放满,则可列出下面的等式:

$$2\times(\text{甲}_{进水}+\text{乙}_{进水}-\text{丙}_{出水})+m\times(\text{甲}_{进水}-\text{丙}_{出水})=1$$

由题意得,甲$_{进水}=\dfrac{1}{5}$,乙$_{进水}=\dfrac{1}{30}$,丙$_{出水}=\dfrac{1}{15}$,代入上式得

$$2\times\left(\dfrac{1}{5}+\dfrac{1}{30}-\dfrac{1}{15}\right)+m\times\left(\dfrac{1}{5}-\dfrac{1}{15}\right)=1$$

解得$m=5$,甲管全程开放,故一共开了$2+5=7$(分钟).

【答案】D

【例题3】牧场上有一片青草,每天都生长得一样快. 这片青草供给10头牛吃,可以吃22天,或者供给16头牛吃,可以吃10天.

问(1)如果供给15头牛吃,可以吃几天?(　　　　)

A.7天　　　　B.8天　　　　C.9天　　　　D.10天　　　　E.11天

问(2)要在5天内吃完所有的草,至少放几头牛?(　　　　)

A.24头　　　　B.25头　　　　C.26头　　　　D.27头　　　　E.28头

问(3)要保证草永远都吃不完,至多放几头牛?(　　　　)

A.4头　　　　B.5头　　　　C.6头　　　　D.7头　　　　E.8头

【解析】设牛吃草的效率为x,草生长的效率为y,牛吃草公式为牛数×吃草效率x×天数-草生长效率y×天数=1. 将条件10头牛可吃22天,和16头牛吃10天两个条件分别代入牛吃草公式可得$\begin{cases}10x\times22-22y=1\\16x\times10-10y=1\end{cases}$,解得$\begin{cases}x=\dfrac{1}{110}\\y=\dfrac{1}{22}\end{cases}$.

(1)设15头牛可以吃m天,则有$15\times\dfrac{1}{110}\times m-\dfrac{1}{22}\times m=1$,解得$m=11$.

(2)设要在5天内吃完所有的草,至少放n头牛,则有$n\times\dfrac{1}{110}\times5-\dfrac{1}{22}\times5\geqslant1$,解得$n\geqslant27$,即至少放27头牛.

(3)要保证草永远吃不完,即要求牛吃草的速度小于等于草长的速度,即$n\times\dfrac{1}{110}\leqslant$

$\dfrac{1}{22}$,解得 $n \le 5$,即至多放 5 头牛.

【答案】E;D;B

考点三 行程问题

（一） 火车错车或过桥过洞

1.必备知识点

对于火车行程问题,由于不能忽略车身长度,因此计算中与前面题目有不同的表现形式:

1）火车错车

火车错车过程为:相向行驶的两列火车从车头在同一位置距离为零时开始错车,至车尾完全分开时错车结束,故完全错车后,两辆车车头距离为车长之和 $l_1 + l_2$,即实际相对行驶距离为 $l_1 + l_2$;两车相对速度为速度之和 $v_1 + v_2$,故所需时间为 $t = \dfrac{l_1 + l_2}{v_1 + v_2}$.

2）火车超车

火车超车过程为:同向行驶的两列火车,自后车（快车）车头与前车（慢车）车尾距离为零时开始超车,至后车（快车）车尾离开前车（慢车）车头时超车结束,此时后车（快车）车头与前车（慢车）车尾距离为两车车长之和 $l_1 + l_2$,即实际相对行驶距离 $l_1 + l_2$;两车相对速为速度之差 $v_1 - v_2$,故所需时间为 $t = \dfrac{l_1 + l_2}{v_1 - v_2}$.

3）火车过桥、过洞

火车过桥、过洞过程为:自火车车头开始进入桥、进洞时开始,至火车车尾完全离开桥、离开洞时结束,此时火车实际行驶距离为 $l_{山洞/桥梁} + l_{火车}$,速度为车速 v,故所需时间为 $t = \dfrac{l_{山洞/桥梁} + l_{火车}}{v}$.

2.典型例题

【例题1】在有上、下行的轨道上,两列火车相向开来,若甲车长 187 米,每秒行驶 25 米,乙车长 173 米,每秒行驶 20 米,则从两车头相遇到两车尾离开需要（　　）.

A.12 秒　　　　B.11 秒　　　　C.10 秒　　　　D.9 秒　　　　E.8 秒

【解析】本题为火车相向错车问题.从两车头相遇到两车尾离开,走的相对路程为两车长之和,即 $l_1 + l_2 = 187 + 173 = 360$（米）,相对速度为两者速度之和,即 $v_1 + v_2 = 25 + 20 = 45$（米/秒）,故所需时间为 $t = \dfrac{187 + 173}{25 + 20} = 8$（秒）.

【答案】E

【例题2】在双轨道上,两列火车并行行驶,同时出发.若甲车长 187 米,每秒行驶 25 米;乙车长 173 米,每秒行驶 20 米.则从甲车头跟乙车尾重合,到甲车彻底超过乙车共需要（　　）.

A.72 秒　　　　B.61 秒　　　　C.70 秒　　　　D.69 秒　　　　E.81 秒

【解析】实际行驶距离为 $l_1+l_2=187+173=360$（米），两火车同向而行，相对速度为 $v_1-v_2=25-20=5$（米/秒），故所需时间为 $t=\dfrac{l_1+l_2}{v_1-v_2}=\dfrac{187+173}{25-20}=\dfrac{360}{5}=72$（秒）.

【答案】A

【例题3】一列火车匀速行驶时，通过一座长为 250 米的桥梁需要 10 秒，通过一座长为 450 米的桥梁需要 15 秒，该火车通过长为 1050 米的桥梁需要（   ）秒.

A. 22   B. 25   C. 28   D. 30   E. 35

【解析】车头前进距离为 $l_{桥梁}+l_{火车}$，设车速为 v，则所需时间为 $t=\dfrac{l_{桥梁}+l_{火车}}{v}$. 由于车速不变，由题意知 $v=\dfrac{250+l}{10}=\dfrac{450+l}{15}$，解得 $l=150$（米），$v=40$（米/秒），$t=\dfrac{1050+l}{v}=\dfrac{1050+150}{40}=30$（秒）.

【答案】D

（二） 顺水或逆水行船

1. 必备知识点

当行程问题场景为行船时，注意水速会对船实际行进的速度造成影响，顺水行船时船实际速度大于静水船速，逆水行船时船实际速度小于静水船速，具体有如下关系式：

逆水行船时：实际速度为 $v_{船}-v_{水}$.

顺水行船时：实际速度为 $v_{船}+v_{水}$.

2. 典型例题

【例题1】（条件充分性判断）一轮船沿河航行于相距 48 千米的两码头间，则往返一共需 10 小时（不计到达码头后停船的时间）.

（1）轮船在静水中的速度是 10 千米/小时.

（2）水流的速度是 2 千米/小时.

【解析】条件（1）或条件（2）单独成立时，由于信息不完全均无法推出结论，故单独均不充分. 联合条件（1）与条件（2）得 $v_{船}=10$（千米/小时），$v_{水}=2$（千米/小时），顺水行驶时间 $t_1=\dfrac{48}{v_{船}+v_{水}}=\dfrac{48}{10+2}=4$（小时），逆水行驶时间 $t_2=\dfrac{48}{v_{船}-v_{水}}=\dfrac{48}{10-2}=6$（小时），故往返共需要 $t_1+t_2=10$（小时）.

【总结】由 $t_1=\dfrac{s}{v_{船}+v_{水}}$，$t_2=\dfrac{s}{v_{船}-v_{水}}$ 可得往返行船公式 $t=t_1+t_2=\dfrac{2v_{船}s}{v_{船}^2-v_{水}^2}$

【答案】C

（三） 寻找等量关系

1. 必备知识点

1）根据时间列等式

晚到：计划时间+晚到时间=实际时间.

早到：计划时间-早到时间=实际时间.

【举例1】甲、乙两人同时出发从 A 地前往 B 地,乙比甲先到 1 小时.

　　　　甲用时=乙用时+乙等待时间=乙用时+1 小时.

【举例2】甲、乙两人出发从 A 地前往 B 地,甲先走,乙 2 小时后出发,两人同时抵达.

　　　　甲用时=乙用时+乙等待时间=乙用时+2 小时.

【举例3】甲、乙两人出发从 A 地前往 B 地,甲先走,乙 2 小时后出发,且乙比甲先到 1 小时.

　　　　甲用时=乙用时+乙等待时间=乙用时+2 小时+1 小时.

【举例4】甲、乙两人出发从 A 地前往 B 地,甲先走,乙 2 小时后出发,乙比甲晚到 1 小时.

　　　　甲用时+甲等待时间=乙用时+乙等待时间.

　　　　即甲用时+1 小时=乙用时+2 小时.

2.典型例题

【例题 1】A、B 两地相距 160 千米,一辆公共汽车从 A 地驶出开往 B 地,2 小时后,一辆小汽车从 A 地驶出开往 B 地.小汽车每小时比公共汽车快 80 千米.结果小汽车比公共汽车早 40 分钟到达 B 地,则公共汽车和小汽车的速度分别为(　　).（单位:千米/小时）

　　A. 30,110　　　　B. 55,135　　　　C. 25,105　　　　D. 40,120　　　　E. 35,115

【解析】由小汽车比公共汽车晚出发 2 小时且早 40 分钟到达 B 地,可得公共汽车用时=小汽车用时$+2+\dfrac{2}{3}$,设公共汽车的速度为 x 千米/小时,则小汽车的速度为 $(x+80)$ 千米/小时,根据时间列等式:

$$\frac{160}{x}=\frac{160}{x+80}+2+\frac{2}{3},$$

移项$\dfrac{160}{x}-\dfrac{160}{x+80}=\dfrac{8}{3}$,通分$\dfrac{160x+160\times80-160x}{x(x+80)}=\dfrac{8}{3}$,交叉相乘 $x^2+80x-4800=(x+120)\cdot$

$(x-40)=0$,解得 $x=40$ 或 -120(舍).

故公共汽车和小汽车的速度分别为 40 千米/小时和 120 千米/小时.

【答案】D

【例题 2】小明从家骑车去甲地,全程以速度 v 匀速行进,若骑行 1 小时后,速度变为原来的$\dfrac{4}{5}$,则会晚半小时到达,若距离目的地还有 10km 时将速度降为原来的$\dfrac{4}{5}$,则会晚 10 分钟到达目的地.小明家距离甲地(　　)km.

　　A. 25　　　　B. 28　　　　C. 30　　　　D. 40　　　　E. 45

【解析】设小明家距离甲地距离为 s,则计划时间为$\dfrac{s}{v}$

根据计划时间+晚到时间=实际时间,可列方程组

$$\begin{cases} \dfrac{s}{v}+\dfrac{1}{2}=1+\dfrac{s-v\times 1}{\frac{4}{5}v} \\ \dfrac{s}{v}+\dfrac{1}{6}=\dfrac{s-10}{v}+\dfrac{10}{\frac{4}{5}v} \end{cases} \Rightarrow \begin{cases} \dfrac{s}{v}+\dfrac{1}{2}=1+\dfrac{5}{4}\cdot\dfrac{s}{v}-\dfrac{5}{4} \\ \dfrac{s}{v}+\dfrac{1}{6}=\dfrac{s}{v}-10\cdot\dfrac{1}{v}+\dfrac{25}{2}\cdot\dfrac{1}{v} \end{cases} ,解得\begin{cases} v=15 \\ s=45 \end{cases}.$$

【答案】E

3. 根据路程列等式

【例题3】已知 A,B 两地相距 208km,甲、乙、丙三车的速度分别为 60km/h,80km/h,90km/h 甲乙两车从 A 地出发去 B 地,丙车从 B 地出发去 A 地,三车同时出发,当丙车与甲、乙两车距离相等时,用时( )分钟.

A.70 B.75 C.78 D.80 E.86

【解析】根据题意画图 11-1 如下:

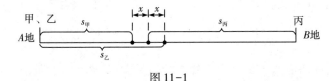

图 11-1

设经过 t 小时,丙车与甲、乙两车距离都为 x 千米,根据题意可得

$\begin{cases} 60t+90t+x=208 \\ 80t+90t-x=208 \end{cases}$,解得 $t=1.3$ 小时,1.3 小时 $=1.3\times60$ 分钟 $=78$ 分钟.

【答案】C

【例题4】铁路旁的一条与铁路平行的小路上,有一行人与一骑车人同时向南行进,行人速度为 3.6km/h,骑车人速度为 10.8km/h,这时有一列火车从他们背后开过来,火车经过行人用了 22s,经过骑车人用了 26s,这列火车的车身总长是( ).

A.240m B.260m C.286m D.268m E.248m

【解析】设这列火车的速度为 vm/s,车身总长是 x 米,行人的速度为 3.6km/h,即 1m/s,骑车人的速度为 10.8km/h,即 3m/s. 相对行驶距离为火车车长 x,相对速度为 $(v-1)$ 和 $(v-3)$ 依题意列方程,得 $\begin{cases} (v-1)\times22=x \\ (v-3)\times26=x \end{cases}$,$(v-1)\times22=(v-3)\times26$,解得 $v=14,x=286$.

所以火车的车身长为 $(14-1)\times22=286$m.

【技巧】两个时间分别为 22s 和 26s,车长很可能是 11 和 13 的公倍数,只有 C 选项满足.

【答案】C

考点四 集合问题

联考中集合问题主要研究几个(通常为两个或三个)有所重叠的集合中元素个数的问题.

1. 必备知识点

1）集合的定义

集合是具有某种特定性质的事物的总体,可以看作"确定的一堆事物".

集合中的每一个对象称为该集合的元素/元.通常用小写的拉丁字母表示,如 a,b,c, p,q 等.

如果元素 a 是集合 A 中的元素,就说 a 属于集合 A,记作 $a \in A$.

如果元素 a 不是集合 A 中的元素,就说 a 不属于集合 A,记作 $a \notin A$.

集合中元素具有:确定性、互异性、无序性.

集合中元素的个数:以字母 N 表示,如集合 A 中元素的个数记为 $N(A)$.

2）集合的基本运算

交 对于集合 A 和集合 B,由既属于 A 又属于 B 的所有元素所组成的集合,叫作 A,B 的交集,记作 $A \cap B$,读作"A 交 B".

并 对于集合 A 和集合 B,由所有属于 A 或属于 B 的元素所组成的集合,叫作 A,B 的并集,记作 $A \cup B$,读作"A 并 B".

3）两饼图问题

两饼图问题,即研究两个集合中元素个数的关系,如图 11-2 所示 A 和 B 两集合,阴影部分为两集合的公共部分,即 $A \cap B$ 的部分.

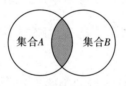

图 11-2

两集合中元素个数的总和,等于集合 A 中元素个数 $N(A)$ 加集合 B 中元素个数 $N(B)$,再减去被重复计算的同时在 A、B 两集合内的元素个数 $N(A \cap B)$. 可写作:

$$N(A \cup B) = N(A) + N(B) - N(A \cap B).$$

4）三饼图问题

三饼图问题,即研究三个集合中元素个数的关系,在解决三饼图问题时,核心是弄清各个区域所代表的含义.如图 11-3 所示 A,B 和 C 三个集合,它们既有独立部分,又有公共部分.现将各封闭区域标为①~⑦号.各标号区域含义如下:

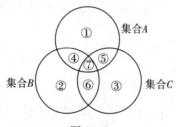

图 11-3

①号区域:仅在集合 A 内的元素;(同理②号和③号区域表示仅在 B 集合内和仅在 C

集合内的元素.)

④+⑦号区域:同时在集合 A 和集合 B 内的元素;

⑤+⑦号区域:同时在集合 A 和集合 C 内的元素;

⑥+⑦号区域:同时在集合 B 和集合 C 内的元素;

需要注意区分的是,④号区域表示仅同时在集合 A 和集合 B 内的元素;⑤号区域表示仅同时在集合 A 和集合 C 内的元素;⑥号区域表示仅同时在集合 B 和集合 C 内的元素.区分的关键字为"仅"字.

⑦号区域:同时在 A,B 和 C 三个集合中的元素.

2.典型例题

【例题 1】某单位有职工 40 人,其中参加计算机考核的有 31 人,参加外语考核的有 20 人,有 8 人没有参加任何一种考核,则同时参加两项考核的职工有(   ).

A.10 人   B.13 人   C.15 人   D.19 人   E.21 人

【解析】由题意可画饼图如图 11-4 所示.

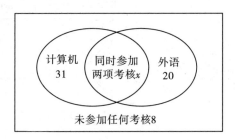

图 11-4

设同时参加两项考核的职工的人数为 x,则有 $31+20-x=40-8$,解得 $x=19$.

【答案】D

【例题 2】(条件充分性判断)申请驾照时必须参加理论考试和路考,且两种考试均通过,若在同一批学员中有 70% 的人通过了理论考试,80% 的人通过了路考,则最后领到驾驶执照的人有 60%.

(1)10% 的人两种考试都没通过.

(2)20% 的人仅通过了路考.

【解析】由题意可画饼图如图 11-5 所示.

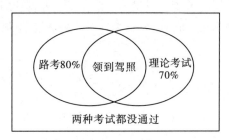

图 11-5

条件(1):由 10% 的人两种考试都没通过可知,至少通过一种考试的人有 100%-10% = 90%,设既通过路考又通过理论考试的人占比为 x,根据二饼图问题关系式有 70% +80% -

$x=90\%$，解得 $x=60\%$，故条件（1）充分. 条件（2）：由 80% 的人通过了路考，而其中仅通过路考的人有 20% 可知，既通过路考又通过理论考试的人有 $80\%-20\%=60\%$，故条件（2）亦充分.

【答案】D

【例题3】有 96 位顾客至少购买了甲、乙、丙三种商品中的一种，经调查：同时购买了甲、乙两种商品的有 8 位，同时购买了甲、丙两种商品的有 12 位，同时购买了乙、丙两种商品的有 6 位，同时购买了三种商品的有 2 位，则仅购买一种商品的顾客有（   ）.

A. 70 位   B. 72 位   C. 74 位   D. 76 位   E. 82 位

【解析】设只买了甲一种产品的人数为 a，只买了乙一种产品的人数为 b，只买了丙一种产品的人数为 c，仅购买一种商品的顾客人数即为 $a+b+c$. 顾客的购买情况如图 11-6 所示.

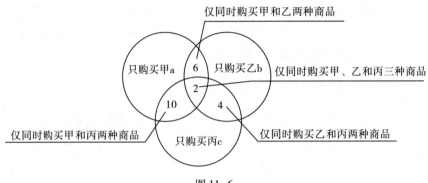

图 11-6

这七个区域没有任何重叠，每块区域含义均不同. 同时题干条件指出，每个人都至少买了一件商品，说明这 7 个区域也覆盖了所有顾客的情况，所以 7 个区域的人数和，就是顾客的总数 96. 故有 $a+b+c+2+6+10+4=96$，$a+b+c=74$（位）.

【拓展】本题难点在于区分每块区域含义，同时需要注意"同时购买了甲、乙两种商品的顾客 8 位"包含两种情况，即只购买了甲、乙两种商品的顾客 6 位和同时购买了甲、乙、丙三种商品的顾客 2 位.

【答案】C

考点五   不定方程

联考中不定方程是指解的范围为整数、正整数等的方程或方程组，一般来说，其未知数的个数多于独立方程的个数，如 $5x+8y=42$. 不定方程主要利用①奇偶性、整除特性；②非负性求解.

1. 必备知识点

【标志词汇】题目出现［多个未知量］and［一个等式］：

①讨论范围限制为整数、正整数 $\Rightarrow$ 奇偶性/因数倍数特性；

②带有根号（二次根式）、绝对值、完全平方 $\Rightarrow$ 非负性.

【举例1】已知 x,y 为正整数，$3x+2y=10$，求 x,y 的值.

【解析】$2y$ 是偶数，偶数+偶数=偶数，则 $3x$ 也一定为偶数，即 x 的可能取值为 2，4，

6….当 $x=4$ 时,$3x=12>10$,故 x 一定为小于 4 的偶数,即 $x=2$. 代入 $3x+2y=10$ 得 $y=2$.

【举例2】已知 x,y 为正整数,$7x+2y=35$,求 x,y 的可能取值.

【解析】$7x+2y=35$ 中 $7x$ 和 35 均为 7 的倍数,则 $2y$ 也一定为 7 的倍数,即 y 的可能取值为 7、14…. 当 $y=7$ 时,由 $7x+2y=35$ 得 $x=3$;当 $y=14$ 时,$x=1$.

2. 典型例题

【例题1】(条件充分性判断)某人购买了果汁、牛奶、咖啡三种物品,已知果汁每瓶 12 元,牛奶每瓶 15 元,咖啡每盒 35 元,则能确定所买各种物品的数量.

(1)总花费为 104 元.

(2)总花费为 215 元.

【解析】设三种各买了 x,y,z 个,x,y,z 均为正整数.

条件(1):$12x+15y+35z=104$,若 $z=2$,则 $12x+15y=104-70=34$,此时没有正整数 x,y 满足方程. 故一定有 $z=1$,$12x+15y=69$,题目化为二元不定方程. 由奇偶四则运算可知,12 为偶数且偶数+奇数=奇数,所以 $15y$ 为奇数,所以 y 为奇数,依次代入 1,3 验证得,有唯一解 $y=3$ 时 $12x=69-45=24$,$x=2$. 故条件(1)充分.

条件(2):$12x+15y+35z=215$,若 $z=1$,则 $12x+15y=215-35=180$,当 $x=5$ 时,$y=8$;当 $x=10$ 时,$y=4$,解不唯一,故条件(2)不充分.

【答案】A

【例题2】(条件充分性判断)利用长度为 a 和 b 的两种管材能连接成长度为 37 的管道. (单位:m)

(1)$a=3,b=5$.

(2)$a=4,b=6$.

【解析】设两种管材分别使用 x、y 根,其中 x、y 均为自然数,题干要求证明等式 $ax+by=37$ 可以成立.

条件(1):$3x+5y=37$,将 37 拆分为 3 的倍数和 5 的倍数的和,得 $x=9,y=2$ 或 $x=4,y=5$ 时均可以成立,故条件(1)充分.

条件(2):a,b 全为偶数,根据奇偶四则运算【偶数×任意整数=偶数】和【偶数±偶数=偶数】,$ax+by$ 一定为偶数,而 37 为奇数,即 $ax+by=37$ 不可能成立,故条件(2)不充分.

【答案】A

【例题3】(条件充分性判断)几个朋友外出游玩,购买了一些瓶装水. 则能确定购买的瓶装水数量.

(1)若每人分三瓶,则剩余 30 瓶.

(2)若每人分 10 瓶,则只有 1 人不够.

【解析】条件(1)与(2)单独均不成立,考虑联合. 设有 x 个朋友外出游玩,购买了 y 瓶瓶装水,据题意列方程:$\begin{cases} y=3x+30 \\ 10(x-1) \leq y < 10x \end{cases}$,将 $y=3x+30$ 代入不等式得 $30<7x \leq 40$. 根据题目场景,人数 x 和瓶装水数 y 均为正整数,$7x$ 为 7 的倍数,当且仅当 $x=5$ 时不等式成立,故可确定购买瓶装水数量 $y=3\times5+30=45$,两条件联合充分.

【答案】C

考点六　植树问题

1.必备知识点

植树问题考查归纳与演绎思维

(1)直线型(开放型):以一条线形来植树,两端点皆种树,如图 11-7 所示.设长度为 k 米,每隔 n 米种一棵树,则一共需要种树 $\dfrac{k}{n}+1$ 棵(如例题 1)

图 11-7

(2)圆圈型(封闭型):以环形来植树,设周长为 k 米,每隔 n 米种一棵树,则一端种树时,如图 11-8 所示,一共需要种树 $\dfrac{k}{n}$ 棵(如例题 2)

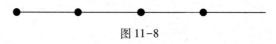

图 11-8

(3)公共坑:修改植树方案时,要注意原方案中挖的坑有多少能在新方案下使用.考虑两种方案下植树间距的最小公倍数,从而求出公共坑的个数(如例题 3).

2.典型例题

【例题 1】一段马路一边每隔 30m 立有一电线杆,另一边每隔 25m 栽有一树,在马路入口与出口处刚好同时有电线杆与树相对而立,他们之间还有 7 处也同时有电线杆与树相对立,此段马路总长度为(　　).

A.900m　　　　B.1050m　　　　C.1200m　　　　D.1350m　　　　E.1450m

【解析】设有电线杆 x 个,有树 y 棵,由 $30x=25y$,则当 $x=5$,$y=6$ 时同时有电线杆和树,又因为之间有 7 处,所以有 8 段,马路长 $S=30×5×8=1200$m.

【答案】C

【例题 2】将一批树苗种在一个正方形花园的边上,四角都种,如果每隔 3 米种一棵,那么剩下 10 棵树苗;如果每隔 2 米种一棵,那么恰好种满正方形的 3 条边,则这批树苗有(　　)棵.

A.54　　　　B.60　　　　C.70　　　　D.82　　　　E.94

【解析】设正方形边长为 a 米,正方形四边包括四角每隔 3 米种一棵,此时共种 $\dfrac{4a}{3}$ 棵;每隔 2 米种一棵,恰好种满正方形的 3 条边,此时共种 $\left(\dfrac{3a}{2}+1\right)$ 棵.故可列方程 $\dfrac{4a}{3}+10=\dfrac{3a}{2}+1$,解得 $a=54$.则树苗共有 $\dfrac{4a}{3}+10=\dfrac{3a}{2}+1=82$(棵).

【答案】D

【例题 3】在一条长 180 米的道路两旁种树,每隔 2 米已挖好坑,由于树种改变,现每隔 3 米种一棵树,则需要重新挖坑和填坑的个数分别是(　　).

A.30、60　　　　B.60、30　　　　C.60、120　　　　D.120、60　　　　E.100、50

【解析】原来一共 $\left(\dfrac{180}{2}+1\right)\times 2=182$ 个坑,现在只需要 $\left(\dfrac{180}{3}+1\right)\times 2=122$ 个坑.

2 和 3 的最小公倍数是 6,所以一共有 $\left(\dfrac{180}{6}+1\right)\times 2=62$ 个公共坑.

所以需要填的是 $182-62=120$ 个,重新挖的是 $122-62=60$ 个.

【答案】C

考点七 年龄问题

1.必备知识点

年龄问题的关键在于两点:一是同步增长,二是差值恒定,常采用列表法求解.

2.典型例题

【例题1】今年祖父年龄是小明年龄的 6 倍.几年后,祖父年龄是小明年龄的 5 倍.又过几年后,祖父年龄是小明年龄的 4 倍.则祖父今年(   )岁(祖父的年龄不超过 99 岁).

A.72   B.74   C.76   D.78   E.80

【解析】因为今年祖父年龄是小明年龄的 6 倍.所以,年龄差是小明年龄的 5 倍,即一定是 5 的倍数.同理,又过几年后,祖父的年龄分别是小明年龄的 5 倍和 4 倍,可知年龄差也是 4 和 3 的倍数,而年龄差是不变的.由 3、4、5 的公倍数是 60、120、… 可知,60 是比较合理的.所以,小明今年的年龄是 $60\div(6-1)=12$(岁);祖父今年的年龄是 $12\times 6=72$(岁).

【技巧】祖父年龄一定为 6 的倍数,排除 B、C、E 选项.

【答案】A

【例题2】甲乙两人年龄不等,已知当甲像乙现在这么大时,乙 8 岁;当乙像甲现在这么大时,甲 29 岁.今年甲的年龄为(   )岁.

A.22   B.34   C.36   D.43   E.45

【解析】【标志词汇】多个量分别增减之后比较⇒列表法.

设甲今年 x 岁,乙今年 y 岁,依题意可得表格如表11.1所示.

表 11.1

年龄	甲	乙
今年	x	y
以前	y	8
以后	29	x

由于年龄差不变,甲-乙 $=x-y=y-8=29-x$.

即 $\begin{cases} x-y=y-8 \\ x-y=29-x \end{cases}$,解得 $x=22,y=15$.

【答案】A

考点八　至多、至少及最值问题

1.必备知识点

最值问题属于应用题中较难考点,一般题目场景设置为求要完成某事的成本最小、费用最低或者利润最大的价格或费用. 为此,需要我们对成本、利润、利润率有更深刻的理解.

本考点常用方法为利用二次函数求最值(如例题1,知识点详见本书基础篇第三章考点一)和利用均值定理求最值(如例题2,知识点详见本书基础篇第三章考点五).

1)利用二次函数求最值

设价格/费用等为 x,根据题目场景列出一元二次函数,化为求一元二次函数最值问题.

对于一元二次函数 $y = ax^2 + bx + c$ ($a \neq 0$),当 $x = -\dfrac{b}{2a}$ 时,有最值 $y = \dfrac{4ac - b^2}{4a}$.

2)利用均值定理求最值

一般参与运算的项数不超过三项,对于 $a, b, c > 0$ 有

求两项之和的最小值:$a + b \geqslant 2\sqrt{ab}$;求三项之和的最小值 $a + b + c \geqslant 3\sqrt[3]{abc}$.

求两项乘积的最大值:$ab \leqslant \left(\dfrac{a+b}{2}\right)^2$;求三项乘积的最大值:$abc \leqslant \left(\dfrac{a+b+c}{3}\right)^3$.

取最值条件:当且仅当参与运算的每一项均相等时,可取到最值.

2.典型例题

【例题1】某商店销售某种商品,该商品的进价为每件90元,若每件定价为100元,则一天内能销售出500件. 在此基础上,定价每增加1元,一天便少售出10件. 甲商店欲获得最大利润,则该商品的定价应为(　　).

　　A.115 元　　　　B.120 元　　　　C.125 元　　　　D.130 元　　　　E.135 元

【解析】设定价为 x 元,利润为 y 元,根据题意列方程:$y = [500 - (x - 100) \times 10](x - 90)$

$= (1500 - 10x)(x - 90) = -10x^2 + 2400x - 135000$,为关于 x 的二次函数,当 $x = -\dfrac{b}{2a} = 120$ 时,

利润 y 可取到最大值.

【答案】B

【例题2】已知某厂生产 x 件产品的成本为 $C = 25000 + 200x + \dfrac{1}{40}x^2$(元),要使平均成本最小,应生产的产品件数为(　　).

　　A.100 件　　　　　　　　B.200 件　　　　　　　　C.1000 件

　　D.2000 件　　　　　　　　E. 以上结论均不正确

【解析】平均成本为 $\bar{C} = \dfrac{C}{x} = \dfrac{25000}{x} + \dfrac{1}{40}x + 200 \geqslant 2 \times \sqrt{\dfrac{25000}{x} \times \dfrac{1}{40}x} + 200 = 250$(元),由均

值定理取最值条件可知,当 $\dfrac{25000}{x} = \dfrac{1}{40}x$ 时,即 $x = 1000$ 时,平均成本 $\bar{C}$ 可取到最小值.

【答案】C

【例题3】某班20人参加百分制的考试,及格线为60分,20人的平均成绩为88分,及格率为95%,所有人得分均为整数,且彼此得分不同,则成绩排名第十的人最低考了( )分.

A. 88   B. 89   C. 90   D. 91   E. 87

【解析】20人总共失分$(100-88)\times20=240$,由及格率为95%知只有1人不及格,使其失分尽量少,则失分为41分.

要使第十名失分尽量多(得分尽量低),可使前9名失分尽量少,假设分别失$0,1,\cdots,8$分,而从第11名至第19名亦是失分尽量少设第10名、第11名、$\cdots$、第19名分别失分$x,x+1,x+2,\cdots,x+9$.

则可得$(0+1+\cdots+8)+[x+(x+1)+(x+2)+\cdots+(x+9)]+41\leqslant240$,

根据等差数列前n项和公式可得

$\dfrac{8(1+8)}{2}+\dfrac{10(x+x+9)}{2}+41\leqslant240,10x\leqslant118$,解得$x$最大为11,即第10名最少得分为89分.

【答案】B

【总结】在分析至多(至少)问题时,可转化为其余部分最少(最多)来分析.

考点九　线性规划

1. 必备知识点

线性规划问题为应用题章节最难考点,同时也是计算量最大的考点,综合考查同学们根据题干文字提取数学信息,列出约束方程或不等式组,以及对其准确求解的能力.

1) 一般解法

根据题干信息列出约束方程或不等式,找到在约束条件限制下最优的取值. 特别地,此类应用题场景常为人数、车辆数等,属于整数,常采取穷举法求解.

2) 最优替换法

(1) 根据题干得到约束条件.

(2) 找出较贵与较便宜方案(或较快与较慢方案)之间的差距.

(3) 根据题目要求,假设全部使用最便宜或最快的方案.

(4) 找到在最便宜或最快的方案下跟约束条件的差距.

(5) 计算需要替换的较贵或较慢的方案数量.

2. 典型例题

【例题1】某地区平均每天产生生活垃圾700吨,由甲、乙两个处理厂处理. 甲厂每小时可处理垃圾55吨,所需费用为550元;乙厂每小时可处理垃圾45吨,所需费用为495元. 如果该地区每天的垃圾处理费不能超过7370元,那么甲厂每天处理垃圾的时间至少需要( )小时.

A. 6   B. 7   C. 8   D. 9   E. 10

【解析】思路一:一般解法.

设甲厂每天处理x小时,乙厂每天处理y小时,据题意列方程组:

$$\begin{cases} 55x+45y=700 \\ 550x+495y\leqslant 7370 \end{cases} \Rightarrow \begin{cases} 55x+45y=700 \\ 50x+45y\leqslant 670 \end{cases} \Rightarrow x\geqslant 6.$$

即甲厂至少需要处理 6 小时.

思路二:最优替换法.

(1)根据题干得到约束条件:甲厂处理单价为 $\frac{550}{55}=10$(元/吨),乙厂处理单价为 $\frac{495}{45}=11$(元/吨).

(2)找出较贵与较便宜方案之间的差距:甲厂每处理一吨垃圾,比乙厂便宜 1 元.

(3)要求甲厂每天处理垃圾的时间尽量少,假设 700 吨垃圾全部由乙场处理.

(4)跟约束条件差距:此方案下花费 7700 元,超出预算 7700-7370=330(元).

(5)计算需要替换的方案数量:甲厂至少需要处理 330 吨垃圾,用时 $\frac{330}{55}=6$ 小时.

【答案】A

【例题 2】有一批水果需要装箱,一名熟练工单独装箱需要 10 天,每天报酬为 200 元;一名普通工单独装箱需要 15 天,每天报酬为 120 元. 由于场地限制,最多可同时安排 12 人装箱. 若要求在一天内完成装箱任务,则支付的最少报酬为( ).

A. 1800 元   B. 1840 元   C. 1920 元   D. 1960 元   E. 2000 元

【解析】**思路一**:一般解法.

设需要 x 名熟练工,y 名普通工,据题意列方程组有:

$$\begin{cases} x+y\leqslant 12 \\ \frac{1}{10}x+\frac{1}{15}y=1 \end{cases} \Rightarrow \begin{cases} 10x+10y\leqslant 120 \\ 15x+10y=150 \end{cases} \Rightarrow x\geqslant 6.$$

故 $x=6$ 时所需费用最少:$6\times 200+6\times 120=1920$(元).

思路二:最优替换法.

(1)根据题干得到约束条件:熟练工效率为 $\frac{1}{10}$,每日报酬 200 元,全部完成花费为 $10\times 200=2000$(元);普通工效率为 $\frac{1}{15}$,每日报酬 120 元,全部完成花费 $15\times 120=1800$(元).

(2)找出较快与较慢方案之间的差距:每用一个熟练工替换一个普通工,增加的效率为 $\frac{1}{10}-\frac{1}{15}=\frac{1}{30}$.

(3)要求支付报酬尽量少:假设 12 人全部安排普通工.

(4)跟约束条件差距:此方案下仅可以完成整个工作的 $\frac{1}{15}\times 12\times 1=\frac{12}{15}=\frac{4}{5}$.

(5)计算需要替换的方案数量:为了在 1 天完成,需要提高的效率为 $\frac{1}{5}$,故一共需要替换 $\frac{1}{5}\div \frac{1}{30}=6$ 个人.

此时所需费用最少为 $6\times 200+6\times 120=1920$(元).

【答案】C

模块二 习题自测

考点一 增长、增长率

1. 某企业生产总值连续两年持续增加. 第一年的增长率为 a, 第二年的增长率为 b, 则该企业两年生产总值的年平均增长率为(   ).

   A. $\dfrac{a+b}{2}$ B. $\dfrac{(a+1)(b+1)}{2}-1$ C. $\sqrt{ab}$

   D. $\sqrt{(a+1)(b+1)}$ E. $\sqrt{(a+1)(b+1)}-1$

考点二 工程问题

2. 一个水池, 上部装有若干同样粗细的进水管, 底部装有一个常开的排水管, 当打开 4 个进水管时, 需要 4 小时才能注满水池; 当打开 3 个进水管时, 需要 8 小时才能注满水池, 现在需要在 2 小时内将水池注满, 至少要打开进水管(   ).

   A. 8 个   B. 7 个   C. 6 个   D. 5 个   E. 4 个

3. 由于天气逐渐冷了起来, 牧场上的草不仅不生长, 反而以固定速度枯萎, 已知某块草地上的草可供 20 头牛吃 5 天, 或可供 15 头牛吃 6 天, 照这样计算, 可供(   )头牛吃 10 天.

   A. 5   B. 6   C. 7   D. 8   E. 9

考点三 行程问题

4. A、B 两个车站相距 1.8 千米, 甲, 乙两列火车分别从 A、B 出发, 相向行驶. 若甲车长 187 米, 每秒行驶 25 米, 乙车长 173 米, 每秒行驶 20 米, 则从两火车出发到完全错车(车尾离开)需要(   ).

   A. 42 秒   B. 41 秒   C. 40 秒   D. 39 秒   E. 48 秒

5. 一列火车途经两个隧道和一座桥梁, 第一个隧道长 480 米, 火车通过用时 15 秒; 第二个隧道长 480 米, 火车通过用时 12 秒; 桥梁长 800 米, 火车通过时速度为原来的一半, 则火车通过桥梁所需要的时间为(   )秒.

   A. 20   B. 25   C. 40   D. 42   E. 46

6. 小船顺流而下航行 36 千米到达目的地. 已知小船返回时多用了 1 小时 30 分钟, 小船在静水中速度为 10 千米/小时, 则水流速度为(   )千米/小时.

   A. 2   B. 3   C. 4   D. 5   E. 6

7. 甲、乙两地相距 150 千米,一辆公共汽车从甲地驶出开往乙地,1 小时后,一辆小汽车也从甲地驶出开往乙地.小汽车的速度比公共汽车的速度每小时快 50 千米.结果小汽车比公共汽车早 30 分钟到达乙地,则小汽车和公共汽车的速度分别为(　　)千米/小时.

A. 120,70　　　　　B. 95,45　　　　　C. 105,55　　　　　D. 100,50　　　　　E. 110,60

考点四　集合问题

8. 某小区有 35% 的住户订阅日报,有 20% 的住户同时订阅日报和时报,至少有 80% 的住户至少订阅两种报纸中的一种,则订阅时报的比例至少为(　　).

A. 50%　　　　　B. 55%　　　　　C. 60%　　　　　D. 65%　　　　　E. 70%

9. 某单位有 80 名职工参加了义务劳动、希望工程捐款和探望敬老院三项公益活动中的至少一项.只参加一项的人数与参加超过一项的人数相同,参加所有三项公益活动的与只希望工程捐款的人数均为 12 人,且只探望敬老院的人比只参加义务劳动的人多 16 人.探望敬老院的人最多比参加义务劳动的人多(　　)人.

A. 28　　　　　B. 32　　　　　C. 44　　　　　D. 48　　　　　E. 56

考点五　不定方程

10. (条件充分性判断)共有 n 辆车,则能确定人数.
(1)若每辆 20 座,1 车未满.
(2)若每辆 12 座,则少 10 个座.

11. (条件充分性判断)某单位有同规格的办公室若干间,则可以确定该单位的员工人数.
(1)若 2 人一间,则还有 9 人没有办公室.
(2)若 5 人一间,则仅有 1 间办公室不到 5 人.

考点六　植树问题

12. 某新建小区计划在小区主干道两侧种植银杏树和梧桐树绿化环境,一侧每隔 3 棵银杏树种 1 棵梧桐树,另一侧每隔 4 棵梧桐树种 1 棵银杏树,最终两侧各种植了 35 棵树,则最多栽种了(　　)棵银杏树.

A. 33　　　　　B. 34　　　　　C. 35　　　　　D. 36　　　　　E. 37

13. 一块三角地,在三个边上植树,三个边的长度分别为 150m、240m、160m,树与树之间的距离为 5m,三个角上都必须栽一棵树,则共需植树(　　)棵.

A. 90　　　　　B. 100　　　　　C. 110　　　　　D. 120　　　　　E. 130

14. 在一条长 2400m 的公路一边,从一端开始等距离竖立电线杆,每隔 40m 原已挖好一个坑,现改为每隔 60m 立一根电线杆,则需重挖坑和填坑的个数分别为(　　).

　　A. 20,40　　　　B. 30,60　　　　C. 40,30　　　　D. 30,60　　　　E. 31,60

考点七　年龄问题

15. 小伟、爸爸和爷爷三人年龄和为 100 岁,已知三代年龄差为每一代至少 25 岁,三人年龄为整数,小伟最大年龄为(　　)岁.

　　A. 4　　　　B. 5　　　　C. 6　　　　D. 7　　　　E. 8

16. 某单位有 2 个处室,甲处室有 12 人,乙处室有 20 人. 现在将甲处室最年轻的 4 人调入乙处室,则乙处室的平均年龄增加了 1 岁,甲处室的平均年龄增加了 3 岁. 则在调动之前,两个处室的平均年龄相差(　　)岁.

　　A. 8　　　　B. 12　　　　C. 14　　　　D. 15　　　　E. 17

考点八　至多、至少及最值问题

17. 某种产品按质量分为 10 个档次,生产最低档次产品,每件获利润 8 元,每提高一个档次,每件产品利润增加 2 元. 用同样工时,最低档次产品每天可生产 60 件,提高一个档次将减少 3 件,如果获利润最大的产品是第 R 档次(最低档次为第一档次,档次依次随质量增加),那么 R 等于(　　).

　　A. 5　　　　B. 7　　　　C. 9　　　　D. 10　　　　E. 8

18. 某企业要购买一套设备用于生产,该设备单价为 98 万元,每年需缴纳保险费 5000 元;由于老化等原因,第一年的维护费用为 1 万元,第二年为 2 万元…以此类推;若希望在年平均成本最低时报废该设备,则应该共使用(　　)年.

　　A. 6　　　　B. 12　　　　C. 14　　　　D. 28　　　　E. 36

19. 现将 24 本书作为奖品发给 6 位优秀学员,已知每个人分得书的数量不同,则分得书最多的学员最少分得(　　)本.

　　A. 5　　　　B. 6　　　　C. 7　　　　D. 8　　　　E. 9

考点九　线性规划

20. 在"家电下乡"活动中,某厂要将 100 台洗衣机运往邻近的乡镇,现有 4 辆甲型货车和 8 辆乙型货车可供使用. 每辆甲型货车运输费用 400 元,可装洗衣机 20 台;每辆乙型货车运输费用 300 元,可装洗衣机 10 台. 若每辆车至多只运 1 次,则该厂所花的最少运输费用为(　　).

A. 1800 元   B. 2200 元   C. 2400 元   D. 2600 元   E. 4000 元

21. 某企业生产甲、乙两种产品. 已知生产每吨甲产品要用 A 原料 3 吨、B 原料 2 吨;生产每吨乙产品要用 A 原料 1 吨、B 原料 3 吨. 销售每吨甲产品可获得利润 6 万元、每吨乙产品可获得利润 3 万元. 该企业在一个生产周期内消耗 A 原料不超过 13 吨,B 原料不超过 18 吨,那么该企业可获得最大利润是(　　).

A. 12 万元   B. 20 万元   C. 25 万元   D. 30 万元   E. 37 万元

答案速查

1-5:ECAEE   6-10:ADDCE   11-15:CBCAE

16-20:BCCCB   21:D

习题详解

考点一　增长、增长率

1.【答案】E

【解析】设企业原生产总值为 x，年平均增长率为 r. 则第二年的生产总值为 $x(1+a)(1+b)$，即 $x(1+r)^2=x(1+a)(1+b)$，解得 $r=\sqrt{(a+1)(b+1)}-1$.

考点二　工程问题

2.【答案】C

【解析】设单个进水管的进水效率为 x，出水管的出水效率为 y.

开 4 个进水管和 1 个出水管，需要 4 小时注满，说明此时效率之和为 $\frac{1}{4}$，即 $4x-y=\frac{1}{4}$.

开 3 个进水管和 1 个出水管，需要 8 小时注满，说明此时效率之和为 $\frac{1}{8}$，即 $3x-y=\frac{1}{8}$.

由此得到关于 x,y 的一元二次方程组，解得 $x=\frac{1}{8}$，$y=\frac{1}{4}$.

设开 n 个进水管可以满足 2 小时注满，即有 $2\times\left(\frac{n}{8}-\frac{1}{4}\right)=1$，解得 $n=6$.

3.【答案】A

【解析】设牛吃草效率为 x，草枯萎效率为 y，可供 m 头牛吃 10 天，根据牛吃草公式可知

$$\begin{cases}20x\times5+5y=1\\15x\times6+6y=1\end{cases}\Rightarrow\begin{cases}x=\dfrac{1}{150}\\y=\dfrac{1}{15}\end{cases}，则有 m\times\dfrac{10}{150}+\dfrac{10}{15}=1，解得 m=5.$$

考点三　行程问题

4.【答案】E

【解析】由题意知：实际行驶距离＝相遇前行驶距离＋错车距离＝$1800+l_1+l_2$，两火车相向而行，相对速度为 v_1+v_2，故所需时间为 $t=\dfrac{1800+187+173}{25+20}=48$（秒）.

5.【答案】E

【解析】设火车原来的速度为 v 米/秒，火车的长度为 l，由实际行驶距离＝隧道或桥梁长度＋火车长度，可得 $\begin{cases}l+480=15v\\l+360=12v\end{cases}$，解得 $v=40$，$l=120$.

因此，火车以半速通过 800 米的桥梁所需的时间为 $\dfrac{l+800}{\frac{v}{2}}=\dfrac{120+800}{20}=46$（秒）.

6.【答案】A

【解析】设水流速度为 v，则顺水行驶时间 $t_1=\dfrac{36}{v_{\text{船}}+v_{\text{水}}}=\dfrac{36}{v+10}$，逆水行驶时间 $t_2=\dfrac{36}{v_{\text{船}}-v_{\text{水}}}=$ $\dfrac{36}{10-v}$，逆水比顺水多用了 1.5 小时，则有 $\dfrac{36}{10-v}-\dfrac{36}{10+v}=1.5$，解得 $v=2$（千米/小时）.

7.【答案】D

【解析】设公共汽车的速度为 v 千米/小时，则小汽车的速度为 $v+50$ 千米/小时，小汽车比公共汽车晚出发 1 小时，早到 30 分钟，即小汽车比公共汽车用时少 $1+\dfrac{30}{60}=\dfrac{3}{2}$ 小时，根据题意得 $\dfrac{150}{v}-\dfrac{150}{v+50}=\dfrac{3}{2}$，等号左右两边同乘 $v(v+50)$ 得 $150(v+50-v)=\dfrac{3}{2}v(v+50)$，整理得 $v^2+50v-5000=0,(v-50)(v+100)=0$，解得 $v=50$ 或 -100（舍），解得 $v=40$（千米/小时），故小汽车和公共汽车的速度分别为 100 千米/小时和 50 千米/小时.

考点四 集合问题

8.【答案】D

【解析】设该小区的住户人数为 100，订阅时报的有 x 住户.

至少有 80% 的住户至少订阅两种报纸中的一种，即订阅一种报纸数量+订阅两种报纸数量 ≥ 80，则有 $35+x-20\geq 80$，得出 $x\geq 65$. 则订阅时报的比例至少为 $\dfrac{65}{100}\times 100\%=65\%$.

9.【答案】C

【解析】根据题意画出三饼图，如图 11-9 所示.

已知 $12+a+b=c+e+d+12=\dfrac{80}{2}=40,c+e+d=28$.

只探望敬老院的人比只参加义务劳动的人多 16 人，即 $b-a=16$.

则探望敬老院的人比参加义务劳动的人多 $(b-a)+(c-d)=$ $16+(c-d)$.

由 $c+e+d=28$ 可知，当 $c=28,e=d=0$ 时，$c-d$ 取得最大值为 28，则探望敬老院的人最多比参加义务劳动的人多 $16+28=$ 44（人）.

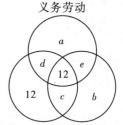

图 11-9

考点五 不定方程

10.【答案】E

【解析】设有 x 人. 条件（1）$20(n-1)\leq x<20n$；条件（2）$12n+10=x$. 条件（1）与（2）单独不成立，考虑联合. $\begin{cases}20(n-1)\leq x<20n\\12n+10=x\end{cases}$，$20n-20\leq 12n+10<20n$，$10<8n\leq 30$. 当 $n=2$ 和 $n=3$ 时均可使不等式成立，无法唯一确定 n 的取值，因此也无法唯一确定人数，故单独和联合均不充分，选 E.

11. 【答案】C

　　【解析】设一共有 x 间办公室, y 个人, 其中 x,y 均为正整数.

　　　　条件(1): $y=2x+9$, 故条件(1)不充分.

　　　　条件(2): $5(x-1) \leqslant y < 5x$, 故条件(2)不充分.

　　　　故考虑联合: $5(x-1) \leqslant 2x+9 < 5x$, 连不等式拆分求解后取公共部分,

　　　　即 $5x-5 \leqslant 2x+9$, $x \leqslant \dfrac{14}{3}$; $2x+9 < 5x$, $x > 3$. 公共部分为 $3 < x \leqslant \dfrac{14}{3}$.

　　　　由于 x 为正整数, 故 $x=4$, $y=2x+9=17$.

　　　　联合可唯一确定该单位员工人数, 联合充分.

考点六　植树问题

12. 【答案】B

　　【解析】在满足两侧栽种要求的情况下, 要使银杏树栽种的最多, 应把银杏树尽量栽在前面, 其中一侧按照"银、银、银、梧…"循环, 周期为 4, $35 \div 4 = 8 \cdots\cdots 3$, 共有 $8 \times 3 + 3 = 27$ 棵银杏树. 另一侧按照"银、梧、梧、梧、梧…"循环, 周期为 5, $35 \div 5 = 7$, 共有 7 棵银杏树. 因此两侧最多栽种了 $27 + 7 = 34$ 棵银杏树.

13. 【答案】C

　　【解析】此题属于环形植树问题, 根据植树数量 $=\dfrac{\text{总长}}{\text{间距}}$ 可得, 植树数量 $=\dfrac{150+240+160}{5}=110$.

14. 【答案】A

　　【解析】40 和 60 的最小公倍数是 120, 那么公共坑有 $\dfrac{2400}{120}+1=21$ 个.

　　　　原来一共有 $\dfrac{2400}{40}+1=61$ 个坑, 现在需要 $\dfrac{2400}{60}+1=41$ 个坑.

　　　　所以重新挖的是 $41-21=20$ 个, 需要填的是 $61-21=40$ 个.

考点七　年龄问题

15. 【答案】E

　　【解析】要使小伟的年龄最大, 则需使年龄差最小, 设小伟年龄为 x 岁(x 为整数), 则爸爸年龄为 $x+25$ 岁, 爷爷年龄为 $x+50$ 岁, 且 $x+x+25+x+50=100$, 可得 $x=\dfrac{25}{3}$, 又因为 x 需为整数, 则 x 最大可为 8.

16. 【答案】B

　　【解析】设调动前甲处室的平均年龄为 x 岁, 乙处室的平均年龄为 y 岁, 则调动后甲处室的平均年龄为 $x+3$ 岁, 乙处室的平均年龄为 $y+1$ 岁. 根据调动前后甲、乙两处室的年龄之和不变, 可列式: $12x+20y=(12-4)(x+3)+(20+4)(y+1)$, 解得 $x-y=12$, 所以调动前两个处室的平均年龄差为 12 岁.

考点八　至多、至少及最值问题

17.【答案】C

【解析】设获利为 y，第 R 档次产品比最低档次产品提高了 $(R-1)$ 个档次，每件的利润为 $8+(R-1)\times2$，每天可生产 $60-(R-1)\times3$ 件，则 $y=[60-(R-1)\times3][8+(R-1)\times2]=$ $-6(R+3)(R-21)=-6(R^2-18R-63)$，为关于 R 的二次函数，当 $R=-\dfrac{b}{2a}=-\dfrac{-18}{2\times1}=9$ 时，利润 y 可取到最大值.

18.【答案】C

【解析】符合【标志词汇】限制为正+求最值⇒均值定理.

设应该共使用 x 年，每年的平均成本为 y.

则每年的平均成本 $y=\dfrac{98+0.5x+(1+2+3+\cdots+x)}{x}=\dfrac{98+0.5x+\dfrac{x(x+1)}{2}}{x}=\dfrac{98}{x}+\dfrac{x}{2}+1\geqslant$

$2\sqrt{\dfrac{98}{x}\times\dfrac{x}{2}}+1$，当且仅当 $\dfrac{98}{x}=\dfrac{x}{2}$，$x^2=196$，$x=14$ 或 -14（舍去），每年的平均成本最低.

19.【答案】C

【解析】题中则分得书最多的人至少分几本，就要令其他的人分得的书尽可能多，设分得最多的人分 x 本，则其他人分别分：$x-1$，$x-2$，$x-3$，$x-4$，$x-5$ 本，$x+(x-1)+(x-2)+(x-3)+(x-4)+(x-5)=24$，解得 $x=6.5$，向上取整，$x=7$.（如果 x 取 6，每个人分得的书数量减小，此时总书量小于 24）.

考点九　线性规划

20.【答案】B

【解析】设使用甲型货车 x 辆，乙型货车 y 辆，运输费用

为 z，根据题意列方程组：$\begin{cases}0\leqslant x\leqslant4\\0\leqslant y\leqslant8\\20x+10y\geqslant100\end{cases}$，目标函数 $z=$

$400x+300y$.

根据【标志词汇】给出了两变量的不等关系，数形结合求解，画图得：

由图 11-10 知，当目标函数 $y=-\dfrac{4}{3}x+\dfrac{z}{300}$ 过点 $(4,2)$ 时，该直线的截距最小，此时运费最少为 $z=400\times4+300\times2=$ 2200（元）.

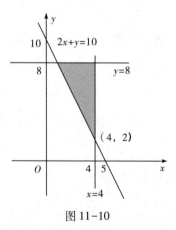

图 11-10

21.【答案】D

【解析】设生产甲产品 x 吨，生产乙产品 y 吨，获得利润为 z，根据题意列方程组：

$$\begin{cases} 3x+y\leqslant13 \\ 2x+3y\leqslant18 \\ x\geqslant0 \\ y\geqslant0 \end{cases}$$，目标函数可获得利润 $z=6x+3y$，符合截距型线性规划，

根据【标志词汇】给出了两变量的不等关系，数形结合求解，如图 11-11 所示.

将目标函数变形为 $y=-2x+\dfrac{z}{3}$，其中 $\dfrac{z}{3}$ 表示直线在 y 轴的截距，故直线在 y 轴截距最大时，z 可取到最大值. 由图知，当 $y=-2x+\dfrac{z}{3}$ 过点 $(3,4)$ 时，截距达到最大，即生产 3 吨甲产品，4 吨乙产品时获得最大利润 $z=6\times3+3\times4=30$（万元）.

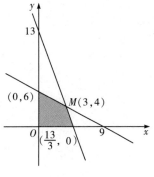

图 11-11